不要让未来的你，讨厌现在的自己

◎ 连山 编著

中国华侨出版社
·北京·

前言 PREFACE

20几岁，是人一生中一个非常重要的阶段，此时，我们脱去了最初的懵懂，已经开始走向成熟。决定人生格局的重要几步也是在此时迈出的：选择职业、成就事业、进入婚姻、提升自我等都得在这个年龄段奠定基础。可以说，这个年龄段是人一生幸福的源头，是形成人命运差异的最关键时期。这一时期在工作、生活、家庭、事业等方面做好必须要做的事，才能为以后的人生飞跃打好基础，才能更快地到达成功的巅峰。

哈佛大学曾对此做了一项长达25年的跟踪调查。调查的对象是一群智力、学历、环境等条件差不多的年轻人。结果显示，3%的人25年后成了社会各界的顶尖成功人士，他们中不乏白手创业者、行业领袖、社会精英。10%的人大都在社会的中上层，成为各行各业不可或缺的专业人士，如医生、律师、工程师、高级主管，等等。而60%的人几乎都在社会的中下层面，他们能安稳地工作，但都没有什么特别的成绩。剩下的27%是几乎都处在社会的最底层。他们过得不如意，常常失业，靠社会救济，并且常常抱怨他人，抱怨社会，抱怨世界。从离开校园到职场人生，25年也许只是弹指一挥间。然而，25年过去了，当同窗好友再一次相聚时，在人生的地平线上，一个无可回避的现实是：昔日朝夕相处、平起平坐的同学，有了明显的"社会价值等级"。造成这种等级区分的，当然有机遇、人际关系以及与之相对应的环境，但是，最重要的因素却在于一个人在 20 几岁这个年龄段上是否找到了自己的人生方向，是否懂得在那些最重要的方面积累自己的成功资本。他们之间的差距，不是一时偶然形成的，而是从他们 20 岁的时候就开始逐渐拉开了。

为了帮助年轻人在 20 几岁规划好自己的道路，少走弯路，顺利打开人生的局面，我们特编写了这本《不要让未来的你，讨厌现在的自己》。本书从找准定位、提升能力、打造心态等多个方面，对年轻人在 20 几岁该做什么给出了具体的指导。本书是无数成功人士拼搏人生的智慧和经验的总结，每一条总结都是前人在实践中摸爬滚打，走了无数条弯路，摔了无数次跤，经受了无数次挫折才得来的，为处于人生十字路口不知何去何从的年轻人带来了实质性的指导，使他们在事业上和生活中获得成功和幸福。年轻人如果根据从本书中学到的这些智慧和经验来打拼自己的生活和事业，就能把握住现在，找到成功的捷径，及早迈入幸福生活。

第一章 >>>
20几岁懂规划，30几岁不害怕

02 ___ 20多岁的选择，决定30多岁的成就
03 ___ 人生可以走直线
07 ___ 要随时看见目标
11 ___ 20多岁要拥有梦想
13 ___ 拥有一颗执着于梦想的心
17 ___ 20多岁的眼界，成就一生的高度
20 ___ 大器晚成，不等于大器晚做

第二章 >>>
不是世界对你不公，是你需要改变

24 ___ 适者生存，做人要随时调整自己
26 ___ 既然无法改变，那就去适应
30 ___ 不要跟这个世界格格不入
32 ___ 摒弃"怀才不遇"的想法
34 ___ 年轻人要有担当

第三章 >>>
今天工作不努力,明天努力找工作

39 —— 任正非给新员工的一封信

43 —— 干一行爱一行,努力工作不抱怨

47 —— 今日敬业,明日才敢谈创业

52 —— 理想也可以"当饭吃"

55 —— 跳槽创业,需有充分的准备

58 —— 你在为自己的未来工作

62 —— 做事情要拿出信心

65 —— 别把目光盯在那点薪水上

68 —— 从小插座到商业帝国的距离

第四章 >>>
宁可输给强大的敌人,不能输给失控的自己

75 —— 要想成为世界的主人,先成为情绪的主人

77 —— 暴躁的性格是引发不幸的导火线

80 —— 自控,成熟比成功更重要

83　　情绪不稳定时,学会"绕着房子跑三圈"

86　　情绪低落时不妨假装快乐

88　　用运动驱散心头的烦闷

90　　别让浮躁毁掉你的前程

93　　最大的竞争对手永远是自己

95　　无尽的欲望会让你成为一口枯井

第五章 >>>
20几岁开始积累资源,别让未来的自己单打独斗

98　　储存人脉胜过储存黄金

100　　处处留心,像蜘蛛一样吐丝结网

102　　平时"冷庙"烧香,急时才能抱佛脚

104　　互换人脉,别让你的人脉透支

107　　主动,成功赢得人脉的一半

109　　让网络成为你打通人脉的最好方法

111　　"个人英雄主义"不可取

114　　单丝不成线,独木不成林

第六章 >>>
今天一分自恋，明天十分自厌

119 ___ 把自己看轻些

121 ___ 不要太高估自己

124 ___ 即便你是天才，也应该保持谦逊

127 ___ "架子"越大，身份越低

130 ___ 不要随意张扬个性

132 ___ 别人不会像家人一样迁就你

134 ___ 少一分书生意气，多一分入世心态

第七章 >>>
百门会不如一门精，用心做好一件事

138 ___ 用心做好一件事

140 ___ 有多大眼界成多大事

142 ___ 瞄准目标去做事

145 ___ 想做就全身心投入

147 ___ 对自己寄予厚望

151 —— 唱出与众不同的声音

158 —— 有了目标你就跑

162 —— 一个奋斗者不需要退路

第八章 >>>
梦要放到天上，脚要踩在地上

169 —— 遇事要多考虑3分钟

171 —— 把每一天当成最后一天

174 —— 天大的计划，也要从当下开始

179 —— 立足实际，不做空想家

184 —— 循序渐进，每次只做一件事

188 —— 不逞口舌之快，用事实说话

190 —— 积极行动，全力以赴

192 —— 最有效的行动时机是现在

第九章 >>>
跳不出思维的墙，忙来忙去都瞎忙

198 —— 智慧源于思考

201　　思考创造奇迹

204　　突破思维定式才有出路

206　　独立思考，不做他人思想的附庸

210　　质疑是最好的思考方式

213　　不走寻常路

216　　要事第一，优先解决主要问题

219　　有创意，还要有检验创意的勇气

第十章 >>>
不怕做错事，就怕做错人

225　　为人之道——诚字诀

228　　诚信是一种制胜策略

231　　能感念恩德，更要知恩图报

234　　做言而有信之人

236　　打造诚信形象

239　　获取信任讲究方法

243　　激发人的高尚动机

第一章
20几岁懂规划，30几岁不害怕

20几岁了，你最先应该拥有的一样财富就是"人生规划"。规划可以孕育智慧，可以给人提供力量去战胜困难。没有追求的人只会在浑浑噩噩中度过。在很大程度上，人生的高度取决于理想的高度。"人生规划，就是为了理想而生活"，如果你在这个时候还不知道什么是规划，那么你将如同在迷雾中前行。

20多岁的选择，决定30多岁的成就

"你过去或现在的情况并不重要，你将来想获得什么成就才最重要。除非你对未来没有理想，否则做不出什么大事来。有了目标，内心的力量才会找到方向。"这是美国成功学家拿破仑·希尔关于"理想"的一段话。从古至今，我们都在强调一个人要有理想，近代成功学也将理想纳入个人自助计划的重要步骤。理想固然很重要，但从确定理想那一刻开始，你的行动更重要，因为它决定了你是否可以实现理想。

如果将我们熟知的成功者们的今天当作一个点，从这个点往昨天、前天倒推，我们会发现，其实他们在20多岁的时候与我们很相似。而差距是从20多岁确定人生目标之后，他们选择用一天天时间，从一件件事情上慢慢拉近自己与成功之间的距离。

娱乐圈中的明星很多，昙花一现的不计其数，但是有些人却能够越老越红，成为真正的偶像明星。他们的成功看起来很容易，似乎就是唱几首歌、演几部电影，但为什么偏偏是他们而不是别人，为什么好运气都降临在他们身上？这其实与个人的选择有关。

但凡一件事情，是否能够做得到、做得好，其实就是一个选择的问题。也许看上去只是一件不起眼的小事，但最终却会影响你的整个人生轨迹。

也许很多人会抱怨命运的不公，然后自怨自艾，最后不认真对

待角色，久而久之，连群众的龙套都没得跑。

有这样一句很流行的话："把每一件普通的事情做好就是不普通，把每一个平凡的日子过好就是不平凡。"

也许，在你20几岁的时候，你觉得自己对一切都无所谓。什么成功、成就，那只是指日可待的事情；什么机会、人脉，那也只是等着自己去俯身拾取的东西。似乎自己在30多岁的时候，注定是成功的。其实，你对每一天的生活态度，对每一件小事的选择，决定了你未来会有多大的成就。

也许你觉得，假如自己在娱乐圈每天工作在聚光灯、荧光棒的照耀下，也会全心全意地付出。事实上，在哪里工作，做什么样的工作并不是最重要的，重要的是你选择用怎样的态度去工作。你想做老师，想做记者，想做娱乐明星，等等，却一样也没有用心去做。在该踏踏实实努力的年纪里，你选择的是挥霍青春、虚度光阴。等到别人开始收获自己20多岁种下的种子获得丰收的时候，你才发现自己的田野中长满荒草，那是何等的悲哀和令人追悔！

春种，夏长，秋收，冬藏。每一个环节都是下一个环节的铺垫，我们的人生也是按照这样的规律在前进。你所浪费的今天，正是昨日殒身之人渴望的明天。如果你希望能够拥有一个丰收的秋季，那么在20几岁的人生之夏，请选择用勤奋和努力来把握住每一天吧！

人生可以走直线

很多年轻人羡慕百度CEO李彦宏，他事业成功，风度翩翩，而且家庭幸福。那么，他的成功经验是什么？用他的书名来回答就是：人生可以走直线。

　　人生之路有很多条，如果每一条都去尝试，我们未必有如此多的机会和时间，但是确定目标，选择最适合自己的一条路将它走到底，我们也能像李彦宏一样闯出自己的一番事业来。想想我们从小到大有过多少梦想：我们想做通天彻地的孙悟空，想做神机妙算的诸葛亮，想做盖世英雄般的乔峰，想做迷倒万千少女的楚留香……

　　20几岁的我们即将闯荡世界，这些年幼时简单的梦想可能还会在我们的脑海中时不时地闪现。在出征之前，我们应该检查一下自己的背囊，整理那只装着各种梦想的口袋，然后毫不犹豫地朝着它大步走去。

　　山林中飞来一只凶狠的老鹰。它在长空中盘旋，寻找着猎物，突然它发现了两只在草丛间玩耍的兔子，兔子也发现了空中的老鹰，于是拔腿而逃。老鹰盯住一只较大的兔子，紧追不舍。兔子来了个急转弯，老鹰也跟着调转方向。几番较量后，老鹰终于抓住了兔子。

　　老鹰盯住了一只兔子，紧追不舍，最后得到了美餐，而如果它同时追逐两只兔子的话，结果很可能是一只也抓不到。同样，很多成功人士也是得益于专注自己的目标。

　　斯蒂芬·茨威格就是其中一个，他是深受中国读者喜爱的奥地利作家。有一天，在比利时著名作家凡拉爱朗的介绍下，茨威格在巴黎认识了雕塑大师罗丹。罗丹热情地邀请他到乡下的雕刻室去看看自己最近的作品。那是一尊女性的半身像,罗丹觉得已经完工了,但审视一会儿后,忽又喃喃自语道:"只有那肩膀上面,线条仍旧太硬。对不起……"这时,他似乎已经忘记了茨威格的存在——他捡起一柄雕塑用的木质小刀就开始专注地工作起来。小刀在柔软的泥土上轻轻拂过,使像身的肌肉发出一种更细腻的光泽。罗丹雕像的手指活泼了起来,眼睛里放着光芒。"还有这里……这里……"他又修改了几处地方,再退后一步,细细观察,然后又把架子转过背来,喉咙里喃喃地发出奇怪的声音。有时他欣然微笑,有时他眉头紧皱,有时捏一点泥加到雕像身上去,有时又轻轻地抓掉一些……

如此继续了半小时,一小时……他从没有对茨威格说一句话。除了创造他理想中的塑像之外,他什么都忘记了。

直到丢下小刀,他才想起茨威格来:"对不起,先生。我简直把你忘记了。但是……"罗丹对自己的失礼非常过意不去,茨威格却十分感激地紧握着他的手。在茨威格看来,这一天所得的收获,比在学校里多年的用功还有益处。

"一个人可以如此完全忘记了时间、空间与整个世界,这个认识,使我得到了空前绝后的感动。在这几个小时,使我把握住了一切艺术、一切事业成功的奥秘——聚精会神:集中所有的力量以完成不论大小的工作,把我们容易分散、容易旁骛的意志贯注在小小的一点上。我觉得遗忘一切其他事物而集中意志以求完美的热忱,就是我过去所缺乏的。除了工作,好像自己都不存在,这是成功的秘诀。我现在知道舍此之外，别无神妙的方法了。"这是茨威格的《成功的秘诀》一书中的描写，生动传神地表现了艺术家罗丹那种忘我的、专注于目标的工作精神。

在历史上，阿基米德不仅是一位伟大的数学家，还是一位伟大的力学家。他通过大量实验发现了杠杆原理，又用几何演绎的方法推出了许多杠杆命题，并给出了严格的证明。其中就有著名的"阿基米德定理"。不仅如此，阿基米德还是一位十分出色的工程师，他能够把数学和生活中的具体问题结合起来考虑，大胆地运用数学方面的知识去解决天文学和物理学的问题……他之所以能够取得如此辉煌的成就，就是因为他是一个非常投入于自己目标的人。

据记载，阿基米德钻研数学的时候非常专心，往往因为过于投入而忘记了其他的事情。比如在冬天吃饭的时候，他就坐在火盆旁边，一只手端着饭碗，一只手在火盆的灰烬里比画着，进行各种数学习题的运算，因过于投入，常常忘了吃饭。

有一次，因为一道数学题没有解答出来，很长时间他都把自己关在房间里苦思冥想，由于一直没有时间去洗澡，他身上散发出一股难闻的气味。在家人的一再要求下，阿基米德才勉强进了浴室。

那时候的人们都有个习惯，洗完澡之后要往身上擦香油膏。阿基米德待在浴室里好半天还不出来，家人感到十分奇怪。他们站在门外喊了几声，可是一点回应也没有。这是怎么回事？会不会出了什么意外？

家人赶紧推开门，令人哭笑不得的是，他们发现阿基米德已经忘了自己是在洗澡,他把浴室当成了工作室,正坐在浴盆的边缘,用手指头蘸着香油膏在皮肤上画几何图形。

人生苦短,确立自己的目标,然后大步流星地走去,"直线"的前进方式可以让你在某一个领域研究得更加深入,行走得更加专注,也更加接近成功。

要随时看见目标

人生如一台戏,很多人只是在"演戏",却不知道结局会怎样,就像一边拍一边播的连续剧,根据个人表现来决定故事的结尾。其实,每个人都有自己的目标,只是演着演着,就失去了自己的那个目标。如果在迈向成功的道路上一直努力不懈地奋斗,可放眼望去,却看不到成功的半点影子,不禁会让人觉得灰心丧气甚至是害怕。如果随时放眼望去都能看到目标,那么成功的希望就会被再度点燃。因此,一个明确、合理的目标对20几岁的人来说,是很重要的。

演员王宝强在少林寺磨炼了6年,14岁的时候抱着一个当演员的梦想,怀揣着500块钱来到了北京,开始了"北漂"生活。可以想象,在北京这样一个人才济济的大都市,像他这样既没有学历文凭,也没有外在形象,只凭着憧憬就想去影视界发展的人,要想成功那绝对是难上加难的事情。

初来到北京的他,不要说做演员,即便是做群众演员也得等机会。为了生计,他只好到建筑工地去做小工,一天下来累个半死,晚上睡觉十几个人挤在一个通铺上。就是这样,他也没有放弃过演员梦,终于有机会当了几部戏的群众演员,每天挣20元钱,但很快就又没戏了。要想再有机会就得到北影厂门口等戏,他每天早上很早起来步行一个多小时来到那里。后来王宝强自己回忆说:"每当在那里等待的时候,我就想,回去又能做什么呢?你在这儿待一天就有一天的希望。我一直抱着这种信念,一直坚持着。"

在北京的生活步履维艰,他只有一边做着别人的武术替身,一边做民工,才能勉强维持生计,即便这样,他也没有放弃做演员的梦想,依旧咬紧牙关坚持着。在一次访谈中,王宝强的哥哥说:"到北京没多久,他忽然和家里失去了联系,没有信也没有电话,差不多两年的时间,我妈妈担心得都病倒了。"王宝强确实有这样一段经历,他说:"那时候的确是没钱打电话,但更主要的是自己一事无成,觉得没脸和家里人说。"

和他一起出来的很多师兄也劝他:"宝强,咱回家吧,我们武功一般,相貌平平,又没文凭,哪个导演会让我们拍戏啊!"这也没有动摇他打拼的决心。苦心人,天不负,终于他先是被李杨导演相中,出演了《盲井》一片,荣获了当年的金马奖最佳新人奖。随后又加盟冯小刚导演的《天下无贼》剧组,他塑造的"傻根"让他一下子红遍全国,星途从此开阔。

如果不是怀抱着梦想,他在任何一个平淡的日子里和老乡一起回到家乡,影坛上就会少了一张淳朴的面孔。

有时候我们无法实现目标并不是因为自身的能力不济，而是我们经过不断的努力，但仍然没有看到目标而产生了迷茫。这种迷茫甚至比替身、贫穷、泄气话更可怕，它会对意志力进行彻底的打击，使我们失去对成功的信念。

为了避免这种情况，我们可以将这个远大的目标分成几个小目标，来逐步完成。日本著名的长跑运动员山田本一就很好地做到了这一点。

1984年，在东京国际马拉松邀请赛中，名不经传的日本长跑运动员山田本一力压群雄，出人意料地夺取了此次马拉松冠军。在全程40多公里的马拉松比赛中，由于体质原因，作为亚洲人的山田本一夺得冠军，在外人看来着实是不可思议的一件事情。

赛后记者问他凭借什么取得如此不可思议的成绩时，山田本一说："凭智慧战胜对手。"

对于这个回答，当时许多人不以为然，都认为他这是在故作神秘、故弄玄虚。因为大家都认为马拉松是一项考验体力和耐力的运动，爆发力和速度都还在其次。只要运动员的身体素质好、耐力长久，才有角逐冠军的可能性，智慧对马拉松比赛来说会有什么帮助？

"凭智慧战胜对手"这个说法似乎有点离谱，难道他用脑袋跑步不成？然而那时的山田本一并没有作太多的解释，只是想用自己的行动再次证明自己。

两年后，意大利国际马拉松邀请赛在意大利的北部城市米兰举行。山田本一再次代表日本参加比赛，并且再一次"出人意料"地获得了世界冠军。赛后采访，记者们再度问山田本一获胜的关键究竟是什么。性情木讷的山田本一原本就不善言辞，所以这次的回答还是和上次一样："凭智慧战胜对手。"得到这个回答，记者仍然觉得一头雾水，莫名其妙。

10年后，山田本一在他的自传中，非常清楚地解释了他"凭智慧战胜对手"的论点：

"每次比赛前，我都会先把比赛的路线仔细地看一遍，并且把沿途比较醒目的标志记下来。比如第一个标志是银行，第二个标志是一棵大树，第三个标志是一座红房子……就这样一直记到赛程的终点。这些醒目的标志就是我设定的目标。等到真正比赛时，我会奋力地向第一个目标冲刺，等到达第一个目标后，再用同样的速度跑向第二个目标，就这样完成所有的目标。这样一来，不管多远的赛程，只要分解成几个小目标，我就可以轻松地跑完全程了。刚开始时我不明白这个道理，把目标定在终点线，结果跑不到十几公里便疲惫不堪，甚至被前面遥远的路程给吓倒了。"

远大的目标可以激发人的斗志，但过于遥远的目标容易让人觉得鞭长莫及，产生迷茫以至绝望的情绪。如果我们将它分解成多个容易完成的小目标，这样我们在完成每个小目标之后，就又能感觉到新的希望了。而这希望就是支持我们走下去的动力。

确定一个随时让自己看得见的目标，不要被眼前那一层让人迷茫的"雾"给击败。

20多岁要拥有梦想

年轻人应该拥有梦想,一个人若没有了梦想,就如同失去方向的行舟。在激流中横冲直撞,直到筋疲力尽,然后随波逐流。如果在我们启动征程之前,就先确立一个明确的目标并始终认定这个方向,那么我们在拼搏的时候就不至于漫无目的了。

"西楚霸王"项羽自小与叔父项梁一起生活。时逢乱世,安身立命需要有一技傍身。项羽先是跟从叔父学习读书识字,可没学几天就觉得不耐烦,便放弃了,并且理直气壮地对项梁解释说:"读书识字,只要会写自己的名字就行了。"没办法,既然不肯学文那就教他习武吧。于是项梁又改教项羽学习剑术,结果和上次一样,项羽的态度依然非常不屑一顾,说道:"剑术再好,终究只能敌对一人,要学便学敌对万人的本领。"项梁听后非常气愤,只恨这小子不争气。

一日,项羽随项梁出行,刚好遇到秦始皇出巡行至会稽郡,仪仗行伍繁盛,声势场面非常雄壮。项羽雄心顿起,目光直指秦始皇,豪言遂出,说道:"他日,我一定会取代他的地位。"项梁听他说出如此"大逆不道"的话,非常惊恐,赶紧捂住项羽的嘴,带着项羽离开了。此后项梁也知道项羽其志不在习文弄武,于是便开始教项羽学习兵法。

秦末,由于二世皇帝昏庸无能,朝政暴虐,因此我国历史上爆发了第一次反抗暴政的农民起义。项羽随叔父项梁也加入了以陈胜、吴广为首的农民起义军,在反抗暴秦统治的斗争中,项羽骁勇过人,战功赫赫，为推翻秦朝的残暴统治立下了汗马功劳。

项羽本无尺寸之地，但凭一身虎胆、满腔凌云之志，乘势起于陇亩之中，仅历时三年，便率领五路诸侯灭掉秦朝。项羽以盟主的身份，裂地封王，从此"政由羽出，号为'霸王'"。

苏东坡说："古之立大事者，不唯有超世之才，亦必有坚忍不拔之志。"一个要成大事的人，一定要有一个伟大的志向。

有一位普通的乡村邮递员，每天徒步奔走在各个村庄之间。一天，他在崎岖的山路上被一块石头绊倒了，他捡起那块石头，并不是勃然大怒狠命一摔，而是左看右看，竟对这块石头有些爱不释手。于是，他把那块石头放进了自己的邮包里。村民们看到他的邮包里除了信件之外，还有一块沉重的石头，都感到很奇怪，劝他把石头扔了。他取出那块石头，有些得意地说："你们看，有谁见过这样美丽的石头？"人们有些不屑一顾："这样的石头山上到处都有，够你捡一辈子的。"

到家后，邮递员突然产生一个念头，如果用这些美丽的石头建造一座城堡，那将是多么完美！后来，他在送信的途中都会捎上几块好看的石头。年复一年，在梦想的感召下，他再也没有过上一天安闲的日子。白天他是一个邮差和一个运输石头的苦力，晚上他又是一个建筑师。他按照自己的想象来构造自己的城堡。对于这个近似疯狂的举动，人们都感到不可思议，认为他的大脑出了问题。

20多年后，在他偏僻的住处，出现了许多错落有致的城堡。

1905年，法国的一名记者偶然发现了这群城堡，这里的风景和城堡的建造格局令他惊叹不已，因此写了一篇介绍城堡及其建筑者的文章。文章刊出后，这位邮差——希瓦勒迅速成为新闻人物。许多人慕名前来参观，连当时最著名的艺术大师毕加索也专程参观了他的建筑。如今，这群城堡已成为法国最著名的风景旅游点之一，它的名字就叫作"邮递员希瓦勒之理想宫"。据说，入口处立着当年绊倒希瓦勒的那块石头，上面刻着一句话："我想知道一块有了愿望的石头能走多远。"

拥有梦想，一块块石头可以筑成一座城堡，因为"有志者，事竟成"。

我们都不希望自己碌碌无为地度过一生，为此，现在我们就在自己的心中种下一粒梦想的种子吧。尽管在收获成功的硕果之前，我们会付出很多汗水和泪水，但我们勇于向前、义无反顾，因为我们拥有梦想。

拥有一颗执着于梦想的心

为了达到目标而付出行动之前，我们心里对即将遇到的挫折和困难或多或少都有一个大概的估计，并且会对此做好一些相应的心理准备。然而"善始者实繁，克终者盖寡"，即便是做好了心理准备，在迈向成功的奋斗路程中，还是会有许许多多的人无功而返。我们或耽于声色之娱，或因沉迷诱惑而失去梦想，抑或是被巨大的挫折与困难所震慑……所有的这些，都是因为我们没有坚忍的意志力以及一颗执着于自己梦想的心。

1832年，美国的一位青年失业了，这显然使他很困惑。一番思考后，他决定改当政治家，竞选州议员。更让他很痛心的是，他竞选失败了。

打工不成，当公务员也不行，那就自己当老板吧。于是他着手开办企业，可不到一年光景，这家企业就倒闭了。为此，在以后的17年间，他不得不为偿还因企业倒闭所欠下的巨额债务而到处奔波，吃尽苦头。

随后，他再一次决定参加竞选州议员，这次他成功了。他内心萌发了一丝希望，认为自己的人生有了转机。

1835年，他订婚了。令他心碎的是，离结婚还差几个月的时候，未婚妻不幸去世。这对他精神上的打击实在太大了，他心力交瘁，整个人完全崩溃，数月卧床不起。

1836年，他得了神经衰弱症。

1838年，他觉得身体状况有所改善，于是决定竞选州议会议长，结果还是失败。

1843年，他又参加竞选美国国会议员，这次又是以失败告终。

1846年，他又一次参加竞选国会议员，最后终于当选了。可两年任期很快过去了，他决定要争取连任。他认为自己作为国会议员的表现是出色的，相信选民会继续支持他。但结果很遗憾，他再次落选，因为这次竞选他赔了一大笔钱。他申请当本州的土地官员，但州政府把他的申请退了回来，上面指出："做本州的土地官员要求有卓越的才能和超常的智力，你的申请未能满足这些要求。"这明显带有侮辱性的言辞但并没有将他击败。

1854年，他竞选参议员，结果又是一次失败的尝试。

两年后他竞选美国副总统提名，结果被对手击败。

又过了两年，他再一次竞选参议员，结果又是失败。

这么多的失败经历集中在一个人的身上，也可谓"蔚为壮观"。我们也许会认为恐怕这个人已经被苦难给毁了吧。然而出人意料的是，事实并非如此，这个"集苦难之大成者"就是美国前总统亚伯拉罕·林肯。

这位"集苦难之大成者"在外人看来，没有才华，不被看好，然而他拥有坚韧的毅力以及执着的心。也正是因为这些，他始终不放弃，与苦难做最顽强的斗争。林肯最终取得了非凡的成就，成为美国历史上最伟大的总统之一。

"蚓无爪牙之利，筋骨之强，上食埃土，下饮黄泉，用心一也"，蚯蚓没有锋利刚健的爪牙和筋骨，却能上食埃土，下饮黄泉，是因为执着和坚忍的缘故。面对挫折，最好的利器就是坚忍与执着。

在美国，有一位穷困潦倒的年轻人，即使把身上全部的钱加起来都不够买一件像样的衣服。因为喜爱电影，他在心中许下拍电影、当电影明星的梦想，穷困潦倒、其貌不扬的他似乎完全没有做这种明星梦的资本。但他全心全意忠于自己的梦想，并为此做了许多准备。

他根据自己的形象气质、身材特点等多方面因素为自己量身定做了一个剧本。

当时，好莱坞共有500家电影公司。他根据自己认真规划的路线与排列好的名单顺序，带着剧本前去逐一拜访。一遍下来，这500家电影公司没有一家愿意聘用他。面对百分之百的拒绝，这位年轻人没有灰心，从最后一家被拒绝的电影公司出来之后，他又从第一家开始，继续他的第二轮拜访与自我推荐。

在第二轮的拜访中，500家电影公司依然全部保持拒绝态度。年轻人又开始了第三轮的自我推荐，结果仍与第二轮相同。被拒绝了1500次，这个令人吃惊的数字足以震惊每个人。不肯放下梦想的年轻人咬咬牙开始了他的第四轮拜访。当拜访到第350家电影公司时，或许是出于感动，老板终于答应让他留下剧本，先看看再作定夺。

几天后，年轻人获得通知，就电影事宜，双方进行详细商谈。于是在热烈而友好的气氛中，双方就大家关心的问题进行了广泛而深入的探讨，双方诚挚地交换了意见，并达成了共识。就在这次商谈中，这家公司决定投资开拍这部电影，并请这位年轻人担任男主角。这部电影名叫《洛奇》，上映后广受好评，此后系列电影达6部之多。也许大家都猜到了这个年轻人是谁——西尔维斯特·史泰龙，他凭借《洛奇》这部电影一炮而红，此后一直以硬汉形象饮誉好莱坞影坛。

迈向成功的道路往往是非常艰苦的，面对苦难，始终抱有"咬定青山不放松""任尔东南西北风"的坚忍意志和执着精神，苦难自会退避三舍。"拨云雾而见青天"，苦难的风雨过后，最终迎接我们的一定会是成功的晴天朗日。

放弃梦想就等于放弃自己，所以拿出你的决心，用坚忍的毅力、执着的精神跟挫折与困难斗争。"逆风的方向，更适合飞翔。我不怕千万人阻挡，只怕自己投降。"在挫折与困难的胁迫下，紧握梦想的手，不松开，不妥协。

人生最精彩的不是梦想实现的瞬间，而是实现梦想的过程。

20多岁的眼界，成就一生的高度

李嘉诚成为华人首富有很多因素，其中，成为富人的愿望是必不可少的。1940年初，12岁的李嘉诚随家人逃难到香港。在香港，李嘉诚接触到了完全不同的文化，粤语、英语等让他眩晕。

李嘉诚十分清醒，由于当时香港受英国人统治多年，其官方语言是英语，因此，英语是在香港生存必须要掌握的重要的语言工具。于是，李嘉诚尽最大努力去学习英文，适应新环境，为了更好更快地收到效果，他不怕被人笑话，总是用不太熟悉的英语大胆与人交流。此外，他还找表妹做英语辅导，日夜刻苦训练。终于，顺利克服英语这一难关的李嘉诚才算在香港扎下根来。

然而此时，李嘉诚所要考虑的不仅仅是自己的生活状态，作为家中长子，李嘉诚还要承担起整个家庭的生活重担。当时香港的经济比现在落后得多，生活艰难，贫困使不少香港人衣不蔽体、食不果腹，不祈求富贵显达，能够保证温饱已让人心满意足。但是，李嘉诚的志向远不在此，纵然是在如此恶劣的环境之下，他依然决心要开创一番大业。

　　立下大志的李嘉诚勤勤恳恳地工作，别人工作8个小时，而他工作16个小时，勤奋努力的李嘉诚很快就在生活上有了较大的改善。但是，李嘉诚的目的并不仅仅在于"过上好的生活"，他的视野在全世界。

　　当李嘉诚到塑胶厂的时候，他发现塑胶裤带公司有7名推销员，而自己最年轻、资历最浅。其他几位都是历次招聘中的佼佼者，经验都比自己丰富，已有固定的客户。但是李嘉诚并没有因此放弃，他很迅速地给自己定下了一个短期目标："3个月内，干得和别的推销员一样出色；半年后，超过他们。"

　　事实也正是如此，不久，李嘉诚便实现了他的预定目标：超越另外6个推销员。年终业绩统计时，连李嘉诚自己都大吃一惊，自己的销售额竟然是第二名的7倍！很快李嘉诚又被提拔为部门经理，两年后，他又被任命为总经理，全权负责公司日常事务。

　　成为总经理之后，李嘉诚依然没有放低对自己的要求，而是又为自己确定了新目标，那就是创立自己的公司。于是他愈加勤奋地积累自己的实力，坚定不移地向着新目标前进。虽身为总经理，但他始终把自己当作小学生，大部分时间蹲在工作现场，身穿工作服，同工人一起干活。每道工序他都会亲自尝试，李嘉诚希望自己能做到不但熟稔推销工作，并且对整个生产及管理环节都要很熟悉。他再一次做到了，于是请辞，开始着手开办自己的公司。

　　辞去总经理职位的李嘉诚，用个人资金开创自己的事业，有了自己的公司。这时他的目标开始清晰了，就是首先要开办一所塑料花厂，作为事业展开的第一步。但这只是第一步，因为在他心中，塑料花厂的建立和运作成功只是他的众多目标之一，李嘉诚还有很多更远大的目标。李嘉诚的塑料花厂办得非常成功，他也因此赢得了"塑料花大王"的称号。但对李嘉诚来说，塑料花厂只不过是起步而已，他下一个目标就是进军当时的地产界。事情进展得很顺利，他成功地在地产行业中打出名堂，而且创建了香港最有实力的地产发展公司。

李嘉诚的事业已极具规模，但他并不因此而满足。此后，李嘉诚又通过一连串的收购活动，不断壮大自己的企业。这仍然是他逐步实现个人理想的过程。每一个目标完成之后，他都会有另外更多的目标，而且通常都是更高的目标。他在实现自己理想的过程中，不断制定不同的、较为具体的目标，然后一步一步地向这些具体目标进发。

纵观李嘉诚的一生，他无论走到哪一步，都在完成自己为自己设定的一次次挑战，在每次完成中都积累了雄厚的人生与商业经验，无数次成为同事中的佼佼者。每个阶段的李嘉诚都是坚定不移的，原因就在于他的远大追求，所以他总是可以忍受每一步的艰辛，依然在布满荆棘的路上披荆斩棘，每一步都走得踏实坚定。李嘉诚曾如此说："只要你愿做某件事情的话，就不会在乎其他的。"这便是他成功的最好概括。

李嘉诚的眼界决定了李嘉诚成功的高度。

有了志向，才不至于在艰辛的奋斗道路上茫然失措，前进的脚步才走得从容而安详。目标之于事业，具有举足轻重的作用。奋斗者一定要有梦想，梦想正是步入成功殿堂的源泉。一个人之所以伟大，首先在于他非凡的眼界。

大器晚成，不等于大器晚做

《阿甘正传》中有一句经典的话："人生就像巧克力，你永远不知道下一块是什么味道。"对于未来，我们可以预测的有很多，但是可以把握的却很少。人生总不能像我们以为的那样前进，正因为如此，很多人将一切都交给"运"，相信自己年轻时如果没有好运气的话，将来人到中年可能会"大器晚成"。

但剧情通常这样发展：你期望明年能转运，结果明年的运气更差；当你发现自己已经不太可能依靠好运气翻身，必须自己主动出击的时候，你已经不再年轻了。

很多已经成功的人都以"机遇只偏爱有准备的人"为自己的座右铭，言下之意就是自己能成功是因为"早有准备"。我们可以看一看肯德基形象代言人——永远微笑着的山德士的故事。

传说山德士是在 69 岁的时候开始创办肯德基的，而且在这之前他靠一只平底锅闯荡纽约，被拒绝了 1009 次。这很可能是为了增加他的传奇色彩而添加的一些情节，根据肯德基网站上的资料，他的生平是这样的：

1890 年，山德士出生。

39 岁时，他的炸鸡店开张，6 张凳子就是他的全部家当。

40 岁时，他的店被当时的一个评论家写进自己的旅游见闻中出版，因此获得了越来越多的顾客。

45岁时，他被政府授予"荣誉上校"的称谓。

47岁时，他尝试在肯塔基州开连锁餐厅，但是失败了。

49岁时，他开了一家汽车旅馆餐厅，结果又一次失败了。

49岁时，他发明了高压锅炸鸡。

49岁到55岁之间，正值"二战"，他的汽车旅馆被迫关闭，战后重开。

59岁时，他再次获得"山姆上校"的荣誉称号，他的经典形象——白围裙、白衬衣、黑色条纹领带、黑色皮鞋以及白色的山羊胡子，都让他看起来像是一个南方过来的绅士，而且他还和自己的雇员结婚了。

66岁时，他的餐厅走下坡路，他把所有的财产都卖出去还债，靠每月105元的政府救济金生活。

70岁时，他东山再起，有了400家连锁店——也就是肯德基炸鸡店。

74岁时，山德士把自己的产业卖给了一个投资集团，并且拒绝拥有这家公司的股份。考虑到他本人的社会影响力，肯德基还是以每年4万美元的年薪聘请他当公司的"形象代言"，后来涨到每年5万~7万美元。

90岁时，山德士上校去世。

山德士的故事似乎是从39岁开始的，远比传说中的69岁要早，但是这个年龄也比很多成功人士要晚得多。而且，在他开始炸鸡之前，肯定也尝试过不同的工作，到了接近"不惑之年"的时候，才开始与自己的终身职业沾边。而这一选择，才慢慢引出了后来的连锁品牌——肯德基。

可以说，如果没有39岁后的准备工作，他不会拥有"终生成就"。没有第一步，就不会有下一步，更不会有第一次的成功和紧接着的更大的成功。

任何人的成就都是像"滚雪球"一样慢慢地越做越大，如果你没有在年轻的时候播种，耕耘，就不会有后来的收获。当然，要排除那些意外的收获。要知道，就连本田的老总本田宗一郎也说："只有一步一步积累起来的财富才安全而可靠。"

第二章
不是世界对你不公，是你需要改变

人生在世，不是生活对你不公，只是你没有寻找到一条适合自己的生活之路。学会用乐观的心态看待人生，面对命运的不幸，要勇敢地说"不"。要敢于把命运抛给你的险球给它扣回去，并用一颗感恩的心来生活，来面对世间烦忧，你会发现，生活如此多娇。

适者生存，做人要随时调整自己

做人如果不能适时地变通自己，那么有一天你就会被环境和时代所抛弃。这个世界上永远没有一成不变的东西，只有适时调整自己的人生方向，调整自己的前进方略，才能领略到人生的精彩。生活中，很多时候都需要我们去适应环境，而不是让环境适应我们。如果总是固执地凭借本身的能力和变化的环境相抵抗，到最后吃苦头的还是自己。

社会心理学教授在讲台上告诉他的学生们："奋斗通常是指一种强硬的人生态度，主张不屈不挠，勇往直前。但事实上，人面对社会乃至整个自然界，是极其渺小的。因此，不要因为年轻的激情而被'奋斗'这个词误导。"

学生们很惊奇，这样的话竟然由敬爱的导师讲出来，活像某个小品中的场景。教授显然看懂了台下的情绪，笑呵呵地说："在我看来，奋斗包含了两个层面——积极斗争和消极适应。请大家随我走一趟吧。"

数十号人来到教授家门前的草坪上，教授指着一棵老槐树说："这里有一窝蚂蚁，与我相伴多年。"学生们凑上前观看：树缝里有小洞，小蚂蚁们东奔西跑，进进出出，很是热闹。教授说："近些日子，我常常想办法堵截它们，但未能取胜。"学生们发现，树周围的缝隙、小洞大多被泥巴、木楔给封住了。

"可它们总是能从别处找到出路。"教授说,"我甚至动用樟脑丸、胶水,但是,它们都成功地躲过了劫难。有一段时间,我发现它们唯一的进出口在树顶,这是很不方便的;而一周后,我发现它们重新在树腰的空虚处开辟了一个新洞口。"

学生们表示钦佩。教授说:"蚂蚁们的生存环境不比你们广阔,它们的奋斗舞台实在很狭窄,更重要的是,它们深深理解自己的力量。因此,它们没有与我这个'命运之神'对抗,而是忍让与适应。当它们知道自己无法改变洞口被堵死这一事实时,它们很快地就适应了。而自然界中那些善于拼搏、厮杀的猛兽,如狮子、老虎、熊,目前的生存境况大多岌岌可危,因为它们与蚂蚁相比,似乎不太懂得奋斗的另一层力量——适应。"

教授说:"适应环境本身就是奋斗的组成部分,只有在此基础上开辟战场去对抗,生活才有胜算的光明。"

年轻人就应该懂得适应环境,根据周遭局势的变化来调整自己的心态与规划,即使你是做出了成绩的大功臣,但当身边的环境发生了变化时,如果还沉浸在其中,用自己过去的功劳做筹码,肯定是要被打倒的。做人要聪明,应该懂得世界上没有什么东西是永恒的,外部环境已经发生变化了,自己本身具有的东西也要适当地加以调整。如若非要固执行事,那么,恐怕吃亏的只能是自己。

我们的生存离不开环境,随着环境的变化,我们必须随时调整自己的观念、思想、行动及目标,这是生存必需的。

但是，有时候环境的发展，与我们的事业目标、欲望、兴趣、爱好等发展是不合拍的。环境有时也会阻碍、限制我们的欲望和能力的发展。这个时候，如果我们有办法来改变环境，使之适合我们能力和欲望的发展需要是最理想的。

那么，究竟怎样才能很好地适应环境呢？你可以从以下的两点做起：

1. 把自己置身于客观环境中

从实际出发，正确认识客观环境的现实，不逃避现实也不做无根据的幻想，从而把自己置于这个环境之中，了解它，掌握它并进一步改造它。

2. 改变不了环境就改变自己

从主观上要采取积极态度，不是消极等待。在选择对策时应当审时度势，有条件时选择改造环境的条件，无条件时选择改造自身的办法，这样才能既不想入非非，又不自暴自弃，从而找到最佳方案。

不论是适应环境，还是改变自己，都要有一个转变和考虑的过程，在这个过程中，往往会有某些困扰。但不管有什么阻碍和困扰，只要你采取了积极的心态，就会从环境中得到自由。

既然无法改变，那就去适应

在生活中，我们不能控制所有事情。当那些我们不能掌控的事情发生时，我们应该首先做到承认它的存在，然后才有可能面对它，进一步来改变自己的生活。这是一种积极的人生策略。

一个人嗜酒如命且毒瘾甚深，有好几次差点把命都送了，后来在酒吧里因看不顺眼一位酒保而杀人被判死刑。

这个人有两个儿子，年龄相差一岁。其中一个跟父亲一样有很重的毒瘾，靠偷窃和勒索为生，也因犯了杀人罪而坐牢。另外一个儿子就不一样了，他担任了一家大企业的分公司经理，有美满的婚姻，有三个可爱的孩子，既不喝酒更未吸毒。

为什么同一个父亲，在完全相同的环境下长大的两个儿子却又有着不同的命运？一次访问中，记者问起造成这种现状的原因，两个儿子竟是同样的答案："有这样的父亲，我还能有什么办法？"

在生活中，我们总是说有什么样的环境就有什么样的人生。这实在是再荒谬不过了。影响我们人生的绝不仅仅是环境，而是我们对这一切所持有什么样的态度。面对人生逆境或困境时所持的态度，远比任何事都来得重要。

美国著名的哲学家威廉·詹姆斯说过："要乐于承认事情就是这样的。"他说："能够接受发生的事实，就是能克服随之而来的任何不幸的第一步。"正如杨柳承受风雨、水适于一切容器一样，我们也要承受一切不可逆转的事实。

在一次战争中，玛丽失去了她的侄子，这是她在世上唯一的亲人，悲伤击垮了她。在那以前，她总觉得上帝待她不薄——她有一份喜欢的工作，她收养的侄子也是一个年轻有为的青年。不想却收到这样的电报。她的个人世界解体了。为什么她钟爱的侄子会死？这么好的孩子，灿烂的前景就在他面前，为什么会被打死？她实在无法接受，她悲伤过度，决定放弃工作，找个地方医治伤痛。

她把桌子收拾干净，准备辞职，突然，她无意中看到一封信，正是侄子写来的，是几年前玛丽的母亲去世时他寄给玛丽的。他在信中说："当然，我们都会怀念她，特别是你，但我知道你会支撑过去的。你有自己的人生哲学。我永远不会忘记你教导我做人的真理，无论我在任何地方，我总记得你教我像个男子汉，微笑迎接任何该来的命运。"

玛丽又回到桌前，收起愁苦，告诉自己："已经发生了，我不能改变它，但是我可以做到他所期望的。"她把自己完全投入到自己的工作中去。她开始给别的战士们写信。晚上她就参加成人教育班，试图找到新的爱好，结交新的朋友。一段时间后，她几乎不敢相信自己的改变，她的哀伤已经完全离她而去。

人这一生中，肯定会碰到一些令人不快的事情，但是事情既然已经发生了，就无法改变，它们既然是这个样子，就不可能是其他的样子。这个时候，我们需要做的就是把它当成一种客观存在而去接受，并适应它，否则，它会毁掉我们的生活。

几十年来，莎拉一直是四大洲剧院里独一无二的皇后——全美国观众喜爱的一位女演员。后来，她在71岁那年破产了——所有的钱都损失了，而且她的医生，巴黎的伯兹教授告知她必须把腿锯掉。事情是这样的：

她在横渡大西洋的时候碰到了暴风雨,摔倒在了甲板上,她的腿内伤很重,她还染上了静脉炎,腿痉挛的剧烈疼痛使医生诊断她的腿一定要锯掉。这位医生不太敢把这个消息告诉莎拉,他觉得,这个可怕的消息一定会使莎拉大为恼火。可是他错了,莎拉看了他一会儿,然后很平静地说:"如果非这样不可的话,那就只好这样了。"

当她被推进手术室的时候,她的儿子站在一边伤心地哭泣。她朝他挥了挥手,高高兴兴地说:"不要走开,我马上回来。"

在去手术室的路上,她一直背着她演出的一出戏里的台词。有人问她这么做是不是为了提起自己的精神,她说:"不,是要让医生和护士们高兴,他们受的压力可大得很呢。"

当手术完成,恢复健康之后,莎拉继续环游世界,使她的观众又为她痴迷了7年。

人生之路充满了许多未知未卜的因素,当我们面对这些无法更改的现实时,明智的做法就是承认它的存在,并对它作出积极乐观的反应,这才是一种可取的态度。许多年轻人面对不可改变的环境,总是不停地抱怨,这样是解决不了问题的。

不敢面对现实是弱者的行为,它会让你在现实面前越来越乏力,最后被生活所控制,渐渐失去自我,也失去了人生的乐趣。承认已经发生的不幸需要勇气,但是只要你做到了,你的人生就会是另外一番景象。

不要跟这个世界格格不入

有一位网民慨然撰文哀叹道:"我是一个传统意识非常强的人,虽然年轻,但是总感到自己和现在的经济社会格格不入。我向往古人的那种侠义豪爽和忠肝义胆,但在现代人身上早已找不到这些优秀的品质,反而充满了虚伪和欺骗,充满了铜臭气。我觉得即使是孔子再生也无法适应现代社会,何况我呢?"

其实,无论我们生活在哪个年代,都难免对这个世界存在"水土不服"的问题。因为这个世界毕竟不是按照我们要求的尺寸设计的,难免存在这样那样不尽如人意的地方。如何缩短现实与我们自身愿望之间的距离呢?大文豪萧伯纳说:"明智的人使自己适应世界,而不明智的人只会坚持让世界适应自己。"

地球是不会随着我们的指挥棒转动的,坚持要世界适应自己,无非是发发毫无价值的牢骚、喝几瓶闷酒,或者做几件其他的荒唐事而已。这对改善我们的精神状态和生活质量没有任何好处。

要想改变与社会格格不入的状态,唯一的办法是主动去适应社会。如何适应?方法有以下几点。

1. 主动学习以适应时代的发展

一个人对社会不适应,不是因为这个社会很难适应,而是自身缺乏适应能力。要解决这个问题,只有努力提升自身素质,一味抱怨社会是没有用的。比如,许多中年人留恋过去,对当今社会大环境很反感,觉得现在是年轻人的天地,很难在生活水平、经济条件和发展机遇上超过他们,于是有一种被社会抛弃的感觉,愤愤不平。其实,他们的问题在于知识和技能比较落伍，而学习是唯一的改进之道。

2. 踏实干好本职工作

许多大学生由于刚刚毕业，对企业的管理、专业技术知识不很熟悉，这就需要从一点一滴做起，放下架子甘当小学生，向工人师傅学习，向技术人员学习。只有踏实地工作，培养自己的务实工作作风，打下坚实的基础，才能为自己的成长创造更为有利的条件。有些人认为：企业给我多少钱，我就干多少活。表面上看，这是一种等价交换。实际上，持有这种观念的人，不仅仅工作难以有所成就，更重要的是错失了锻炼的机会，使自己的潜力在岁月蹉跎中消耗殆尽。刚毕业的大学生正值人生最宝贵的时期，应集中精力去干好工作，少讲索取，多讲奉献，丰富和完善自身，相信一定会创造出一片艳阳天。

3. 能够学以致用

不是所有的大学毕业生都能将自己学校里学到的东西发挥在自己以后的工作中。能够学以致用必须符合几个条件：首先是工作本身与学业对口，其次是自己善于用学到的理论知识指导自己的实际工作，最后是肯钻研业务工作——学校里学的和实际工作中遇到的基本上不是一回事，必须有从头学起的精神和思想准备。

4. 工作积极主动

其实"主动"也是一种需要"见风使舵""察言观色"的技能。部门工作很多，如果每样都要领导交办了才做，就如我们常说的算盘珠子拨一拨动一动，这样的人一般领导不会喜欢，而拨了还不动的，基本上就一点儿希望也没有了。很多刚踏上工作岗位的学生怕主动，顾虑在于一是怕别人说自己爱出风头，二是怕领导怀疑自己"抢班夺权",三是有多一事不如少一事得过且过的想法。

摒弃"怀才不遇"的想法

"怀才不遇"的人大有人在,这种人牢骚满腹,喜欢批评,一副抑郁不得志的样子。和这种人打交道,往往比较累,运气不好的时候,还会被他冷嘲热讽一顿。

在自命"怀才不遇"的人中,有的根本是自我膨胀的庸才,他之所以无法受到重用,是因为他的无能,而不是别人的嫉妒。但他并没有认识到这个事实,反而认为自己怀才不遇,到处发牢骚、吐苦水。他们并没有什么可骄傲的资本,只是想当然地高看自己一眼;或者用自己的长处跟别人的短处比,永远得不出客观的结论。

但是,也有一种人,真的有才干,但因为无法与客观环境配合,"英雄无用武之地",但为了生活,又不得不屈就,所以痛苦不堪。

难道有才的人都会这样吗?并不是的,虽然有时千里马无缘见伯乐,但他们遭遇坎坷的原因主要是自己造成的。因为这种人常自视过高,看不起能力、学历比他低的人。

不管有才或无才,经常抱怨"怀才不遇"的人,总是让人无法欣赏。因为你若一听他谈话,他就会批评同事、主管、老板,跟别人的观点唱反调,好像他自己有多了不起似的。结果呢?"怀才不遇"感觉越强烈的人,越把自己孤立在小圈圈里,无法参与其他人的圈子。每个人都怕惹麻烦而不敢跟这种人打交道,人人视之为"怪物",敬而远之。除非他改变环境,如果一直生活在原有的生活圈子里,他将永远无法出头。

沈磊在南京市重点高中读书,并且考入了南京一流学府的热门专业。在读书年代,沈磊可谓是一帆风顺,也得到同龄人和他们家长的羡慕。但这些本该有的优势,却没有在择业时派上应有的用处。沈磊进的第一家公司是一家初创不久的IT企业,作为一名在研发上独具天赋的名校学子,在这样的企业势必不能得到更好的职业熏陶和技能栽培。当沈磊发觉公司的很多做法都不科学,人员水平普遍低下的时候,他便对这家公司再无好感,因为他学不到自己希望学到的东西。

在有了这样一个不成功的一年工作经验后,沈磊跳槽去了另一家IT企业,但是经过3个月的亲身经历,他发现这家公司在实质上跟上一家一模一样,而且似乎比那家更糟。屡受打击的沈磊到这时才发现自己真的掉入了一个怪圈之中。看着以往的同学在大企业中做得有模有样,拿着高自己几倍的薪水不说,还有一个异常光明的前途,他觉得自己真是"怀才不遇"。

像沈磊这样的年轻人在现实生活中为数不少,时间长了,自己觉得干得也很无聊,因此有的在原岗位辞职了,干的还是小职员,有的则在原单位继续"怀才不遇"下去。

要想改变"怀才不遇"的现状,你可以尝试着从以下几个方面做起,相信事情会有所改变。

1. 正确地评估自己的能力

先做自我能力评估,看是不是自己把自己估计得太高了。如果觉得自己评估自己不是很客观,可以找朋友和较熟的同事替你分析一下,如果别人的评估比你自我评估还要低,那么你要虚心接受。

2. 分析"怀才不遇"的原因

分析自己的能力无法施展的原因何在,是一时没有恰当的机会还是受大环境的限制?有没有人为的阻碍?如果是机会问题,那只好继续等待。如果是大环境的缘故,那就要考虑改变一下现有的环境,寻求更好的发展空间。如果是人为因素,那么可诚恳沟通,并想想是否有得罪人之处,如果有就要想办法疏通、化解;如果你是骨头硬,不肯服软,那当然就另当别论了。

3. 营造良好的人际关系

在职场上,尽量不要让自己成为别人厌恶的对象,而要以你的才干积极地去协助其他同事出色地做好工作。但要记住,帮助别人切不可居功,否则会吓跑了你的同事。此外,谦虚、客气、广结善缘,这些都将会为你带来意想不到的收益。

总之,年轻人一定要摒弃"怀才不遇"的心理,因为这会成为你思想上的负担。谨慎地做你应该做的事,就算是大材小用,也是快乐的。

年轻人要有担当

年轻人如果把自己比喻成一棵树苗,就要悉心照顾,浇水、施肥、松土,那么小树就会茁壮成长,终有一天会长成参天大树,结出丰硕的果实。如果没人去管它,任其在黑暗的环境下,得不到阳光的照耀，吸收不到营养，那只能是自生自灭，中途夭折或是藤枯树死。所以，每个年轻人都应该对自己的人生负责，让你的生命之树常青。

有的年轻人胸无大志，终日无所事事，做一天和尚撞一天钟，这是对自己极端的不负责任。有的年轻人懒惰成性，好吃懒做，最终踏上了一条不归路，这也是对自己极端的不负责任。

一个有魅力的年轻人首先应该是一个对自己负责任的人，他表现为自信、自尊、自爱、自控。责任是一条无形的鞭子，少年时，也许我们在父母的保护下，不曾觉察到它的存在；但一到我们有了自立的能力，踏入社会，责任就一圈又一圈地裹缠在我们身上。为人子女时，我们只要念好书，考好学校，父母师长就对我们很满意；踏入社会后，为人夫或为人妻后，爱人仰望着我们，希望我们能够尽力营造好一个温馨的家。当然，除了为人子女、为人夫或为人妻之外，我们对亲友和社会，也有责任。

从前，一个人去找智者，寻求解脱之法。

智者给他一个篓子背在肩上，指着一条沙砾路说："你每走一步就捡一块石头放进去，看看有什么感觉。"

年轻人按照智者说的去做了。过了一会儿，年轻人走到了头，智者问他感觉怎么样。年轻人说："越来越沉重。"

智者说："这也就是你为什么感觉生活越来越沉重的道理。当我们来到这个世界上时，我们每人都背着一个空篓子，然而我们每走一步都要从这个世界上捡一样东西放进去，所以我们才有了越走越累的感觉。"

年轻人问:"有什么办法可以减轻沉重吗?"

智者问他:"那么你愿意把工作、爱情、家庭、友谊哪一样拿出来呢?"

年轻人不语,沉思片刻后,顿悟离去。

生活的担子越重,越能体会到生活的滋味。

年轻人已经是成年人了,生活对于你,可以说是一系列的责任与承担这些责任的过程。自我、工作、家庭等,作为一个社会人,你能逃脱这些吗?就算可以逃脱,你有勇气放弃这一切吗?因为这就是精彩的人生,你为他们付出的同时,也从中得到了无限的乐趣。生活就是一个包袱,你只有不断地往里面放东西,它才会越来越充实。

责任就是在人生中勇敢担当,也是对生活的积极约束。责任还是对自己所负使命的忠诚和信服。一个充满责任感的人,一个勇于承担责任的人,会使他的生命更有力量,使他的人生更加充实和丰富。在这个世界上,每一个人都有不同的角色,每种角色都有不同的作用。在某种意义上说,扮演角色最大的成功是对责任的完成,正是责任让我们在困难当中能够坚持,在成功当中能够保持冷静,在懈怠的时候能够做到不放弃。

责任是一种动力,责任也是一种希望,责任能够创造更加幸福美好的人生,美好的人生就在实现责任的过程中得到。

很多年轻人在工作中往往有这样一种心态,自己不是领导者,因而只做与自己职责相关,并与自己所得薪水相称的那些工作,这样一种心态定位,使你只盯着自己分内的那些工作,而不想额外多干一点儿，甚至经常以老板苛刻为理由，连自己分内的工作都不努力去做，敷衍搪塞，偷懒混日，被动地应付上司分派下来的工作，结果几年过后，除了拿那点薪水，你毫无所获，甚至因态度不积极，自己的那份工作和薪水也保不住。

如果你以老板的心态来工作，那么，你就会以全局的角度来考虑你的这份工作，确定这份工作在整个工作链中处于什么位置，你就会从中找到做分内工作的最佳方法，会把工作做得更圆满、更出色。以这种心态进行工作，你就不会拒绝上司指派的你有时间和精力来承担的工作。

勇于负责是一个人的美德，也是一个人取得成就的前提。有责任感的人能够坦然地面对逆境，能够在各种各样的诱惑面前把持住自己，能够真正拥有正直自爱之心。

第三章
今天工作不努力,明天努力找工作

"对薪水不满意""工作环境很奇怪""同事们没有我期待中的好"……20几岁的年轻人最擅长的就是为自己的问题找借口。表面上看去好像年轻人就是要折腾,在工作上就是应该有自己的追求和原则。但是跳来跳去,几年过去,你还是一个"新人",什么都没有学到的时候,才会明白一份工作的最大意义,不是那些你每天处理的事情,而是要懂得从工作中学会坚持、忍耐和不断地学习。

任正非给新员工的一封信

华为技术有限公司总裁任正非先生曾经给新员工写了一封公开信，这封信可以代表大多数优秀的企业家对年轻人的期待和担忧，也凝结着很多过来人的智慧，值得一读：

您有幸进入了华为公司。

我们也有幸获得了与您的合作。

我们将在共同信任和相互理解的基础上，共同度过您在公司的岁月。这种理解和信任是我们愉快奋斗的桥梁和纽带。华为公司是一个以高技术为起点，着眼于大市场、大系统、大结构的新兴的高科技技术企业。公司要求每一位员工，要热爱自己的祖国，任何时候、任何地点都不要做对不起祖国、对不起民族的事情。

相信我们将跨入世界优秀企业的行列，会在世界通信舞台上，占据一个重要的位置。我们的历史使命是要求所有的员工必须坚持团结协作，走集体奋斗的道路。没有这种平台，您的聪明才智是很难发挥并有所成就的。因此，没有责任心，不善于合作，不能集体奋斗的人，等于丧失了在华为进步的机会。那样您会空耗宝贵的光阴，还不如在试用期中，重新决定您的选择。

进入华为并不就意味着高待遇，公司是以贡献定报酬，凭责任定待遇的，对新来的员工，因为没有记录，晋升较慢，为此，我们深表歉意。但如果您是一个开放系统，善于汲取别人经验，善于与人合作，借别人提供的基础，可能进步就会很快。如果封闭自己，总是担心淹没自己的成果，就会延误很长时间，也许到那时，你的工作成果已没有什么意义了。

机遇总是偏向于踏踏实实的工作者。您想做专家吗？一律从工人做起，进入公司一周以后，博士、硕士、学士，以及在公司取得的地位均已消失，一切凭实际才干定位，这在公司已经深入人心，为绝大多数人所接受。您就需要从基层做起，在基层工作中打好基础、展示才干。公司永远不会提拔一个没有基层经验的人来做高级领导工作。遵照循环渐进的原则，每一个环节、每一级台阶对您的人生都有巨大的意义。不要蹉跎了岁月。

希望您丢掉速成的幻想，学习日本人的踏踏实实、德国人的一丝不苟的敬业精神。您想提高效益、待遇，只有把精力集中在一个有限的工作面上，才能熟能生巧，取得成功。现代社会，科学技术迅猛发展，真正精通某一项技术就已经很难了，您什么都想会、什么都想做，就意味着什么都不精通。您要十分认真地对待现在手中的任何一件工作，努力钻进去，兴趣自然在。逐渐积累您的记录。有系统、有分析地提出您的建议和观点。草率的提议，对您是不负责任，也浪费了别人的时间，特别是新来的员工，不要下车伊始，就哇啦哇啦。要深入具体地分析实际情况，发现了几个环节的问题，找到解决的办法。踏踏实实、一点一滴地去做，不要哗众取宠。

实践改造了人，也造就了一代华为人，它充分地检验了您的才干和知识水平。只有不足之处不断暴露出来，您才会有进步。实践再实践，对青年学生尤其重要。唯有实践后用理论去归纳总结，我们才会有飞跃有提高，才能造就一批业精于勤，行成于思，有真正动手能力、管理能力的干部。有一句名言：没有记录的公司，迟早要垮掉的，就个人而言，何尝不是如此？

公司采取各部门总经理为首的首长负责制，它隶属于各个以民主集中制建立起来的专业协调委员会。各专业委员会委员来自相关的部门，按照少数服从多数、民主集中制的原则，集中了集体智慧，避免了一人治众的片面性。自强、自律，这也是公司6年来没有摔大跟头的大民主、大集中的管理，还需要长期探索、不断完善，希望您成为其中一员。

您有时可能会感到公司没有真正的公平与公正。绝对的公平是没有的，您不能对这方面期望值太高。但在努力者的面前，机会总是均等的，只要您努力，您的主管会了解您的。要承受得起做好事反受委屈的考验。接受命运的挑战，不屈不挠地前进。没有一定的承受能力，不经几番磨难，何以成为栋梁之才。一个人的命运，毕竟掌握在自己手上。生活的评价会有误差，但决不至于黑白颠倒，差之千里。您有可能不理解公司而暂时地离开，我们欢迎您回来，只是您更要增加心理承受能力，连续工龄没有了，与同期伙伴的位置拉大了。我们相信您会加步赶上，但时间对任何人都是一样长的。

公司的各项制度与管理，有些可能还存在一定程度的不合理，我们也会不断地进行修正，使之日趋合理、完善，但在正式修改之前，您必须严格遵守。要尊重您的现行领导，尽管您可能有能力，甚至更强，否则将来您的部下也不尊重您。长江后浪推前浪，青出于蓝而胜于蓝，永远是后面的人更有水平。不贪污、不腐化，严于律己，宽以待人。坚持真理，善于利用批评和自我批评，提高自己，帮助别人。作为一个普通员工要学会做事，作为一个中高级干部还要学会做人，做一个有高度责任心的真正的人。

在公司的进步主要取决于您的工作业绩，也是与您的技术水平紧密相连的。一个高科技产业，没有高素质的员工是不可想象的。公司会有计划地安排各项教育与培训活动，希望能对您的自我提高、自我完善有所帮助。业余时间可安排一些休闲，但还是要有计划地读书学习。不要搞不正当的娱乐活动，绝对禁止打麻将之类的消磨意志的活动。公司也为您提供了一些基本生活服务，可能还不够细致，达不到您的要求，对此我们表示歉意。同时还希望您能珍惜资源，养成节约的良好习惯。为了您能成为一个高尚的人，受人尊重的人，希望您能自律。

……

发展是生存的永恒主题。我们将在公司持之以恒地反对高中层干部的腐化，反对工作人员的懈怠。不消除这些弊端，您在公司难以得到充分的发展；不消除这些沉淀，公司发展也将会停顿。

公司在飞速地发展，迫切地需要干部，希望您加快吸收国内外先进的技术和卓越的管理经验，加速磨炼，不断与我们一同去托起明天的太阳。

读完这封信，你对新工作的期待是否有所改变？你对第一份工作的意义是否有了新的领会？好好地品味一下任正非这封信的用意，也许，你会发现虽然没有在华为那样的大企业中工作，但是已经拥有了大企业员工的素质，符合那个标准。或者你的工作比华为的工作更好，但是你发现原来自己还没有达到那种工作与做人结合的境界。不管是怎样的情况，你都可以庆幸，自己读到了这样一封真诚而严厉的信件。

干一行爱一行，努力工作不抱怨

"工作就是为了养家糊口，无所谓喜欢不喜欢。"一般人带着这种思想工作，在工作中是不会有很出色的成绩的，而且经常会让自己感到忧虑，对工作充满抱怨。确实，每天花 1/3 的时间去做自己不太喜欢的工作是一件痛苦的事情。

卡耐基指出，正确的思想，会使任何工作都不再那么厌烦。老板要你对工作感兴趣，他才好赚更多的钱。但是我们何不忘掉老板想要什么，而只是想着：爱上自己的工作，对自己有好处。提醒自己，这样可能使自己从工作中获得快乐，因为你醒着的时候，约有一半时间要花在工作上，要是在工作中找不到快乐，就绝不可能再在任何地方找到它。不断提醒自己，爱上自己的工作，而不是抱怨，可以将你的思想从忧虑上移开，而最后，还可能带来晋升和加薪。即使不这样，也可以把疲乏减至最少，并帮助你享受自己的闲暇时光。

有一天，美国著名职业演说家桑布恩乔迁至新居不久，就有一位邮差来敲他的房门。"上午好！桑布恩先生！我叫弗雷德，是这里的邮差。我顺道来看看,并向您表示欢迎,同时也希望对您有所了解。"他说起话来总是表现出兴高采烈的神情,他的真诚和热情始终溢于言表,并且他的这种真诚和热情让桑布恩先生既惊讶又温暖,因为桑布恩从来没有遇到过如此热情的邮差。

他告诉弗雷德,自己是一位职业演说家。"既然是职业演说家,那您一定经常出差旅行了?"弗雷德微笑着继续说,"既然如此,那您出差不在家的时候,我可以把您的信件和报纸刊物代为保管,打包放好。等您在家的时候,我再送过来。"这简直太让人难以置信了,不过桑布恩说:"那样太麻烦了,把信放进邮箱里就行了,我回来时取也一样的。"弗雷德解释说:"桑布恩先生,窃贼会经常窥视住户的邮箱,如果发现是满的,就表明主人很长时间不在家,那您可能就要深受其害了。"

桑布恩先生心里想,弗雷德比我还关心我的邮箱呢,不过,毕竟这方面他才是专家。弗雷德继续说:"我看不如这样,只要邮箱的盖子还能盖上,我就把信件和报刊放到里面,别人就不会看出您不在家。塞不进邮箱的邮件,我就搁在您房门和屏栅门之间,从外面看不见。如果那里也放满了,我就把其他的留着,等您回来。"弗雷德的这种工作热情以及这种认真负责的态度着实让桑布恩先生感动,他甚至怀疑弗雷德究竟是不是美国邮政的员工。但是,无论怎样,弗雷德的建议完美无缺,没有理由让人拒绝。

两周后,桑布恩先生出差回来刚到家门口,突然发现门口的擦鞋垫跑到门廊的角落里了,下面还遮着什么东西。原来事情是这样的:在桑布恩先生出差的时候,联邦快运公司把他的一个包裹送错了地方，幸运的是弗雷德把它捡起来，放到桑布恩的住处藏好，还在上面留了张纸条，解释了一下事情的经过，这让桑布恩先生非常感动。弗雷德是一个普通的美国人，从事着普通的职业，然而他对工作的热情成为一时佳话。

工作的有趣与否，不在于工作本身是否有趣，而在于你有没有热诚勤奋地去做你的工作。再枯燥无味的工作，努力去做，也会变得有趣。

爱上自己的工作，除了不断地提醒自己，更要用热情去积极面对工作，只要用真诚的热情对待工作，你会发现工作有很大乐趣。大发明家爱迪生说："在我的一生中，从未感觉是在工作，一切都是对我的安慰……"爱上工作，不仅能在工作中得到安慰与快乐，而且工作的同时也会给你带来回报。

有一位父亲告诫他的孩子说："无论未来从事什么样的职业，如果你能够对自己的工作充满热情，而不是抱怨，那么，你就不用为自己的前途担心了。因为，在这个世界上散漫粗心的人到处都有，而对自己的工作善始善终、充满激情的人却很少。"

美国著名人寿保险推销员弗兰克·帕克就是凭借着对工作的热情，创造了一个又一个的奇迹。起初弗兰克·帕克想当个职业棒球员，可加入球队不久就遭受了一次很大的打击，他被球队开除了，原因是动作无力、没有激情，是对工作缺乏热情的缘故。球队经理对帕克说："你这样对职业没有热情，不配做一名职业棒球运动员。无论你到哪里做任何事情，若不能打起精神来，对工作付出热情，你永远都不可能有出路。"

后来，帕克的一个朋友给他介绍了一个新的球队。在加入新球队的第一天，帕克作出了一生中最重大的转变，他没有抱怨以前的经历，而是决定要做美国最有热情的职业棒球运动员，帕克也一直在身体力行。结果证明，他的转变对他具有决定性的意义。帕克在球场上，就像身上装了马达一样，强力地击出高球，接球手的手臂都被震麻木了。

有一次，帕克像坦克一样高速冲入三垒，对方的三垒手被帕克的气势给镇住了，竟然忘记了去接球，帕克轻松赢得了胜利。热情给帕克带来了意想不到的结果，他的球技好得出乎所有人的意料。更重要的是，由于帕克的热情感染了其他的队员，大家也变得激情四溢。最终，球队取得了前所未有的佳绩。当地的报纸对帕克大加赞扬："那位新加入进来的球员，无疑是一个霹雳球手，全队的人受到他的影响，都充满了活力，他们不但赢了，而且他们的比赛成为本赛季最精彩的一场比赛。"而帕克呢？由于对工作和球队的激情，他的薪水由刚入队的500美元提高到约5000美元，是原来的10倍。在以后的几年里，凭着这一股热情，帕克的薪水又提高了约50倍。

你一定会为帕克的热情所折服，但故事到此并没有结束。后来由于手臂受伤，帕克离开了心爱的棒球队，来到一家著名的人寿保险公司当保险助理，但整整一年都没有一点业绩。帕克还是没有抱怨，而是又迸发了像当年打棒球一样的工作热情，很快他就成了人寿保险界的推销至尊。他深有感触地说:"我从事推销工作30年了,见到过许多人,由于对工作始终充满激情,他们的收效成倍地增加;我也见过另一些人,由于缺乏激情而走投无路。我深信在工作中投入热情是成功推销的最重要因素。"

任何工作、任何事情,需要的不是抱怨,而是需要你投入极大的热情,有了对工作的热情不仅能发挥自己的创造力,同时也能影响身边的同事甚至是整个团队。一个充满热情、充满创造力的员工和团队才会造就辉煌。对工作缺乏热情,在哪里都不会走远的。所以想在工作中有一个好的发展,必须干一行爱一行,努力工作不抱怨。

今日敬业,明日才敢谈创业

有敬业精神,带着使命感去工作,不仅是对工作的负责,更是对自己的投资。

日本有一项国家级的奖项,叫"终生成就奖"。无数的社会精英一辈子努力奋斗的目标,就是为了能够最终获得这项大奖。但其中有一届的"终生成就奖",颁给了一个"小人物"——清水龟之助。他原来是一名橡胶厂工人,后来转行做了邮差。在最初的日子里,他没有尝到多少工作的乐趣和甜头,于是在做满一年以后,觉得很厌倦,便心生退意。这天,他看到自己的自行车信袋里只剩下一封信还没有送出去时,他便想到:我把这最后的一封信送完,就马上去递交辞呈。然而这封信由于被雨水打湿而地址模糊不清,清水花费了好几个小时的时间,还是没有把信送到收信人的手中。由于这将是他邮差生涯送出的最后一封信,所以清水发誓无论如何也要把这封信送到收信人的手中。他耐心地穿越大街小巷,东打听西询问,好不容易才在黄昏的时候把信送到了目的地。原来这是一封录取通知书,被录取的年轻人已经焦急地等待好多天了。当他终于拿到通知书的那一刻,他激动地和父母亲拥抱在了一起。看到这感人的一幕,清水深深地体会到了邮差这份工作的意义所在。"因为即使是简单的几行字,也可能给收信人带来莫大的安慰和喜悦。这是多么有意义的一份工作啊!我怎么能够辞职呢?"在这以后,清水更多地体会了工作的意义,他不再觉得乏味与厌倦,他深深地领悟了职业的价值和尊严,他一干就是25年。从30岁当邮差到55岁,清水创下了25年全勤的空前纪录。他在得到人们普遍的尊重的同时,也于1963年得到了日本天皇的召见和嘉奖。

"我们不能把工作看作是为了五斗米折腰的事情,我们必须从工作中获得更多的意义才行。"我们不要简单地认为我们工作只是为了安身立命,而是应该找出自己职业的意义所在并且尊重它。

几年前,哈佛大学的罗宾斯博士去巴黎参加研讨会,开会的地点不在他下榻的饭店。他仔细地看了一遍地图,发觉自己仍然不知道该如何前往会场所在的五星级旅馆,于是他走到大厅的服务台,请教当班的服务人员。

这位身穿燕尾服、头戴高帽的服务人员,是位五六十岁的老先生，脸上有着法国人少见的灿烂笑容。他仪态优雅地摊开地图，仔细地写下路径指示，并带罗宾斯博士走到门口，对着马路仔细讲解前往会场的方向。

　　他的热忱及笑容让人如沐春风，他的服务态度彻底改变了罗宾斯博士原来觉得"法式服务"冷漠的看法。在致谢道别之际，老先生微笑有礼地回应："不客气，祝你顺利地找到会场。"接着老先生补了一句，"我相信你一定会很满意那家饭店的服务，因为那儿的服务员是我的徒弟！""太棒了！"罗宾斯博士笑了起来，"没想到你还有徒弟！"老先生脸上的笑容更灿烂了，说道："是啊，25年了，我在这个岗位上已经工作了25年，培养出无数的徒弟，而且我敢保证我的每一个徒弟都是最优秀的服务员。"他的言语流露出发自内心的骄傲。罗宾斯博士看着他，心里有一种很奇怪的感觉。"什么？都25年了，你一直站在旅馆的大厅啊？"罗宾斯博士不禁停下脚步，向他请教乐此不疲的秘密。

　　老先生回答说："我总认为，能在别人生命中发挥正面影响力，是件很过瘾的事情。你想想看，每年有多少外地旅客来到巴黎观光，如果我的服务能帮助他们减少'人生地不熟'的胆怯，而让大家感觉像在家里一样，因此有个很愉快的假期的话，这不是很令人开心吗？这让我感觉到自己成为每个人假期中的一部分，好像自己也跟着大家度假一样愉快。"老先生接着说："我的工作是如此地重要，许多外国观光客就因为我而对巴黎有了好感。所以我私下里认为，自己真正的职业，其实是'巴黎市地下公关部长'！"他眨了眨眼，神情得意。罗宾斯博士被老人的回答深深地震撼了，他从老人朴实的言语中感受到了一种不同寻常的力量。

老人并不单纯地认为只是一个普通的酒店大厅服务员,他知道这里经常有世界各地的人士来巴黎,因此自己的形象会影响到巴黎的形象,于是老人就有了"巴黎市地下公关部长"一般的使命感,并乐此不疲。

认清工作的意义是焕发一个人内心工作热情的前提,一个人只有充分认识到自己工作的价值,才能够拥有使命感,才能够体会到工作最深层次的乐趣。此外,我们还要兢兢业业、脚踏实地地工作。

2002年10月,一家公司的营销部经理带领一支队伍参加某国际产品展示会。在开展之前,有很多事情要做,包括展位设计和布置、产品组装、资料整理和分装等,需要加班加点地工作。可营销部经理带去的那一帮安装工人中的大多数人,却和平日在公司时一样,不肯多干一分钟,一到下班时间,就溜回宾馆去了,或者逛大街去了。

经理要求他们干活,他们竟然说:"没加班工资,凭什么干啊。"更有甚者还说:"你也是打工的,不过职位比我们高一点而已,何必那么卖命呢?"

在开展的前一天晚上,公司老板亲自来到展场,检查展场的准备情况。到达展场,已经是凌晨1点,让老板感动的是,营销部经理和一个安装工人正挥汗如雨地趴在地上,细心地擦着装修时粘在地板上的涂料。而让老板吃惊的是,其他人一个也见不到。

见到老板,营销部经理站起来对老总说:"我失职了,我没能够让所有工人都来参加工作。"老板拍拍他的肩膀，没有责怪他，而指着那个工人问："他是在你的要求下才留下来工作的吗？"经理把情况说了一遍，这个工人是主动留下来工作的，在他留下来时，其他工人还一个劲地嘲笑他是傻瓜："你卖什么命啊，老板不在这里，你累死老板也不会看到啊！还不如回宾馆美美地睡上一觉！"

老板听了，没有做出任何表示，只是招呼他的秘书和其他几名随行人员加入到工作中去。参展结束，一回到公司，老板就开除了那天晚上没有参加劳动的所有工人和工作人员，同时，将与营销部经理一同打扫卫生的那名普通工人提拔为安装分厂的厂长。

那一帮被开除的人很不服气，找到人力资源总监理论："我们不就是多睡了几个小时的觉吗，凭什么处罚这么重？而他不过是多干了几个小时的活，凭什么当厂长？"他们说的"他"就是那个被提拔的工人。人力资源总监对他们说："用前途去换取几个小时的懒觉，是你们的主动行为，没有人逼迫你们那么做，怪不得谁。而且，我可以通过这件事情推断，你们在平时的工作中偷了很多懒。他虽然只是多干了几个小时的活，但据我们考察，他一直都是一个敬业的人，他在平日里默默地奉献了许多，比你们多干了许多活，提拔他，是对他过去默默工作的回报！"

我们不仅要对工作有这样的觉悟，而且要兢兢业业、踏踏实实地对待工作，这才是一个敬业者所应具备的。

理想也可以"当饭吃"

"我想当一名宇航员""我想当科学家"……到底什么才是理想，对于20多岁的年轻人来说，可能会认为理想是伟大的，可是现实却是残酷的，有时我们必须在现实面前妥协，告别自己"大而空"的理想。其实不是的，如果坚定信心执着于自己的理想，你会有不同的收获。例如一个人将自己的一生——整整54年的时间全部用于追求理想会怎样？我们不妨看看"现代奥林匹克运动之父"顾拜旦的一生。

顾拜旦是一个有些特别的贵族，生于法国巴黎的一个贵族家庭，承袭了男爵头衔。他获得了文学、科学和法学3个学位。青年时代的顾拜旦志在教育和历史，因普法战争中战败而萌生了教育救国和体育救国的思想。

想，还要行动，于是，顾拜旦开始了逐步的动作。1888年，顾拜旦出任法国学校体育训练筹备委员会秘书长，并发起成立了第一个"全法学校体育协会"，设立了"皮埃尔·德·顾拜旦奖"，以表彰最优秀的运动员。1889年，召开推广在教育中设立身体练习课程代表大会，他担任大会秘书长。

真正让顾拜旦走近奥林匹克的是在1890年。那一年，顾拜旦访问了希腊奥林匹克运动的发源地——奥林匹亚，碧波荡漾的爱琴海、巍峨的奥林匹亚山，唤醒了他从小形成的对古代奥林匹克的向往和崇敬。他逐渐萌生了以古代奥林匹克精神来推进国际体育运动的想法，以创办现代奥运来弘扬奥林匹克精神。一种举办世界性的奥林匹克运动会的设想使他开始积极投入到创办现代奥运会的工作之中。

这次希腊之行使27岁的顾拜旦确立了复兴奥运的人生目标,从这时开始,他开始为这个理想而近乎狂热地努力着。

严格地说,顾拜旦并不是世界上第一个提出复兴奥运会的人。在他之前,德国体育教育家古茨·姆茨、考古学家库提乌斯,曾先后提出此议。但他们仅仅局限于设想,而真正将设想付诸实践的,唯有顾拜旦。

自从希腊之行确立了人生目标后,顾拜旦积极地行动起来。1891年,他创办了《体育评论》杂志,积极宣传复兴奥林匹克精神,为推动奥林匹克运动复兴做了大量思想动员工作。

在1892年11月25日,他发表了"复兴奥林匹克"演说,人们却反应冷淡。对此顾拜旦并不气馁。他开始到法国各地以及欧美许多国家游说。每到一地,他总是充满激情地谈论复兴奥运,点燃人们的热情。

功夫不负有心人,1894年6月16日,国际体育教育代表大会在巴黎开幕,有12个国家2000多人出席了开幕式,由顾拜旦起草了开幕词。

1894年6月23日,31岁的顾拜旦得到了一个圆满的结果:来自欧美37个运动组织的78位领导人一致通过决议,从1896年起恢复4年一次的奥运会,并且规定了"业余运动"的原则和参赛项目,确定了第一届奥运会在希腊举行。

当1896年明媚的春天到来的时候,第一届现代奥运会在雅典如期举行。熄灭已久的奥运圣火,在容纳8万观众的大理石运动场再次点燃，主席台上的顾拜旦和人们一起发出了激动的欢呼。而在此之前，希腊曾经因为财政困难一度打算放弃奥运会主办权。

为此，顾拜旦做出了艰苦的努力，他多次前往希腊，动用所有的社交手段，一个一个说服王储、国王、首相，动员富豪出资赞助，还在欧洲和希腊本土展开募捐。为了筹集资金，希腊发行了第一套奥运邮票。

"奥林匹克邮票一发行，举办奥运就成了定局。"顾拜旦的话证实了后来人们传颂的"邮票挽救了首届奥运会"的佳话。

第二届巴黎奥运会和世博会同时举办，两者产生矛盾。顾拜旦被迫辞职，还不时遭到讥笑和唾骂，但他忍辱负重，从不气馁。

从1883年20岁时就开始了复兴奥运会的工作，直到1937年9月2日逝世，顾拜旦整整为奥林匹克运动奋斗了54年，将他的一生都奉献给了奥林匹克。其间，他不顾家庭的不快和困难，对工作不分巨细都亲自操办：文件，宣传，设计图案……他四处奔走联络各方，广交朋友争取支持，呕心沥血，殚精竭虑。

在他的倡议下，第一届现代奥运会顺利召开，并走向国际化。1896～1925年，顾拜旦在任奥委会主席期间，先后成立了20多个国际单项运动联合会，使国际奥委会的成员由14个发展到45个，被称为"现代奥运会之父"。

顾拜旦提出了奥林匹克运动发展模式——"双和模式"，即促进世界和平，建立和谐社会。顾拜旦还强调把"体育与文化和教育结合起来"，创造一种培养良好素质的生活方式。单纯的体育构不成奥林匹克运动，只有体育与文化教育相结合才是奥林匹克运动。即"奥林匹克运动＝体育＋文化＋教育模式"。奥林匹克主义包含体育、文化和教育这3方面的内容，"寓文化、教育于体育之中"，缺一不可。

顾拜旦还是个原则性很强的人，他坚持奥运会是属于世界的，应该在全世界各个不同城市举办，而希腊人认为奥运会是希腊的，雅典应是奥运会的永久举办地。由于顾拜旦的坚持原则才使奥运会有今天的辉煌。顾拜旦对和平、友谊、进步宗旨的原则，对反对歧视、坚持平等的原则，对奥运与文化教育的结合，对人的和谐发展，对逆向代表制等原则的坚持不渝，如今已成效显著地写入奥林匹克宪章中……1937年9月2日，顾拜旦在瑞士日内瓦去世，随后被安葬在国际奥委会总部所在地瑞士洛桑。按照他的遗嘱，他的心脏安葬在奥林匹克运动发源地——希腊奥林匹亚的科罗努斯山下。

你能想象，今天全世界都为之疯狂的奥运会，就是这样诞生的吗？凭着一个人的力量，到处奔走，四处结交陌生人，与外国人打交道……当我们看看今天的奥运会影响到的人群，再看看顾拜旦的人生，我们就知道理想是可以"当饭吃"的。如果年轻的你正要放弃自己的抱负，感到绝望和无助，不妨问问自己：这真的比举办世界奥运会还难吗？

跳槽创业，需有充分的准备

20几岁以后，或许是自己的事业发展步入了"瓶颈期"，或许是自己的能力在现在的公司无法发挥，或许是自己在公司和领导或员工之间闹矛盾、出了差错……总之，我们急需要换一个工作环境，想要通过跳槽创业以改变自己的现状。可以说创业是每个想要大显身手的年轻人藏在心里的一个梦。他们积极进取，斗志昂扬，指点江山，愿意在商业的战场上大展宏图。对他们来说创业好比一次朝圣，途中会经历高山大川、沼泽沙漠，要想到达目的地，必须历经磨难，必须有充分的准备。

有一个人和几个朋友去海滨旅行，行程中有钓鱼这项安排，于是几个朋友一起去购买钓具。商场里，这个人坚持要买一根重型的渔竿和线轴。朋友们开玩笑地说道："你是打算钓一条鲸鱼吧？"

他笑一笑，并不理会这些打击他信心的玩笑。

他们来到了海滨，一个朋友的渔线被挣断了，那人抱怨自己没有准备重一些的钓具。很快，这个人的线被拉紧了，是一条大鱼！半个小时后，他把战利品——一条30千克重的大家伙拖上了船！

人们都很佩服他，因为他向他们演示了一个道理：如果你想钓一条大鱼，那你要先准备好钓大鱼的工具。

只有准备好，才能钓到大鱼。跳槽创业也是如此，必须做好充分的准备。

有一些年轻人，他们对创业充满了幻想，认为创业是件容易的事情，以至于毅然辞去从事的工作，投入到创业的浪潮中，由于没有足够的准备，最后自己空手而归。创业需要充分的准备，贸然辞职创业只会以失败告终。

创业之初，要将困难估计得多一些。只有看清楚创业路上的种种困难，才能做到攻无不克、战无不胜。要做好准备，就必须意识到以下两点：

1. 创业是个持久的过程，不可能一蹴而就

我们知道一个胎儿要在母体中待10个月才能出生，一本书要经历无数环节才能出版。创业也是这个道理，创业就像是马拉松，是一个持久漫长的过程，任何速战速决的想法都是不切实际的。

2. 创业初期是艰辛的，我们必须清楚地意识到这一点

陈金飞的第一间办公室在京郊某乡。当时，他们把大通装饰厂建在那儿，是听说周围有大约20万块砖埋在地下。房子盖得很随意，根本没有设计图纸。就这样他们盖起了车间和办公室。办公桌是一个捡来的40厘米高的圆台，他们又找了一块木头钉了6个离地面只有20厘米高的小板凳，最奢侈的家具是一把捡来的老式竹椅。在这里他们接待了工商局的同志、税务局的同志和对他们企业感兴趣的许多客人，其中包括外商。

没钱买设备，他们就买钢材，边学边干，做出了台板印花机。创业初期，一切都是他们用自己的双手做出来的。

厂房设备有了，最大的问题是没有生意，他和工人都处于集体失业状态。当时陈金飞心里很着急，天天骑着自行车到处找活儿。那时可没少受委屈，很多客户一看他们都是年轻人，又是私营，客气的人不理你，不客气的人干脆把你轰出来。那种屈辱的感觉不亲身经历是无法知道的。但他们已经做好了心理准备，所以他们很快调整了心态并坚持下来。终于他们拿到了第一笔生意并取得了成功。

试想一下，如果陈金飞创业前没有做好创业是艰辛的心理准备，那么他们在遇到困难时能很快调整自己的心态，进入到下一个阶段中去吗？

跳槽创业是艰难的，创业初期更是如此，从决定跳槽自主创业的那天起，就要有充分的准备。

你在为自己的未来工作

一个人庸庸碌碌，在任何职位上都不会有所成就的。如果你热爱自己的工作，认真对待自己所从事的岗位，对自己的工作认识明确，在工作中积极主动，最大限度地发挥自己的聪明才智，不管做什么工作都会取得成就。

谁也不想在得过且过、碌碌无为中度过自己的一生。如果想要达到自己希望的高度，就要从现在开始为自己的未来铺路，因为成功不是一蹴而就的，成长是靠一点点的努力积累起来的。我们从现在开始努力工作，为自己的未来工作，在你的工作岗位上不断积累，不断成长。

要实现心中的理想，就应该脚踏实地地工作，让自己在工作中慢慢成长，才是我们真正要走的道路。如果想"一步登天"，那只能是"痴人说梦"，而理想也就只会是梦想，永远不会变成现实，只有不断地在工作中学习、成长，才能不断丰满自己的羽翼，让自己飞得更高。

有的人会说，我对未来没有什么大的追求，也不想成就什么伟业。这样你就可以懈怠自己，对工作不认真了吗？不，你可以没有远大的目标，但是每个人都需要成长。谁也不想十几年后的自己回头看看走过的人生之路，都是在重复、原地踏步，成长才是最重要的。

任何一个优秀的员工都是从开始工作一点点成长起来的，不断朝着自己的理想努力，并逐步向更高更长远的目标前进，这样在工作中才会让自己充满活力。

在工作中成长才是最重要的，真正认识到自己是在为自己的未来工作的人，看重的是自己从工作中得到的收获，在工作中学到的知识和积累的经验，因为他们清楚地知道这些都是自己事业大厦不可缺少的基石。

要想在工作中得到成长，首先要树立正确的观念——工作是为了自己的未来，成长才是最重要的。工作也是人生的存在形式，不管你在哪里工作、为谁工作，你首先是"工作"，把自己应该做的事情做好，然后才是为谁而工作的问题。其次要有正确的心态——为自己的未来工作而不是为老板工作的正确心态。

聪明的员工明白是在为自己工作，更是为自己的未来工作，因为成长才是最重要的。脚踏实地的耕耘者在平凡的工作中学到了知识，增长了能力，让自己逐步成长起来，最终实现了自己的梦想；而一心为他人工作的人，只能活在每天的迷茫和痛苦之中，度过不愉快的一生。

吉姆在一家五金商店做售货员，最初时每周只能赚两美元。他刚开始工作时，老板就对他说："你必须掌握这个生意的所有细节，这样你才能成为一个对我们有用的人。"

"一周两美元的工作，还值得认真去做？"与吉姆一同进公司的年轻同事不屑地说。

对于这个简单得不能再简单的工作，吉姆却干得非常用心。

经过几个星期的仔细观察，年轻的吉姆注意到，每次老板总要认真检查那些进口的外国商品的账单。由于那些账单使用的都是法文和德文，于是，他开始学习法文和德文，并开始仔细研究那些账单。一天，老板在检查账单时突然觉得特别劳累和厌倦，看到这种情况后，吉姆主动要求帮助老板检查账单。由于他干得非常出色，以后的账单自然就由吉姆接管了。

一个月后的一天，他被叫到一间办公室。老板对他说："吉姆，公司打算让你来主管外贸。这是一个相当重要的职位，我们需要能胜任的人来主持这项工作。目前，在我们公司有20名与你年龄相当的年轻人，只有你工作踏实、认真、一丝不苟。我在这一行已经干了40年，你是我亲眼见过的3位真正对工作认真负责的年轻人之一。其他两个人，现在都已经拥有了自己的公司，并且小有建树。"

吉姆的薪水很快就涨到每周10美元，一年后，他的薪水达到了每周180美元，并经常被派驻法国、德国。他的老板评价说："吉姆很有可能在30岁之前成为我们公司的股东。他已经在工作中经过一步步的努力，积累了大量的知识，并以自己的实力得到了可以升迁的机会。"

员工为老板打工，老板必须付给员工报酬，这是员工价值的一种体现。但是，除了工资之外，工作中还蕴含着许多对个人有用的知识。我们在工作中获得的报酬除金钱外，最大的收获就是经验，还有就是良好的培训、职业技能的提高和个人品德的完善。这些东西，如果我们在企业里工作时能很好地获得，让自己在获取知识、运用知识中成长，将会受益一生。这些无形的东西，都是为自己的未来做准备的，再多的金钱都买不来。

一位成功学专家曾经说过，一个人应该永远同时从事两种工作：一件是目前所从事的工作，另一件则是真正想做的工作。如果你能将该做的工作做得和想做的工作一样认真，那么你一定会成功，因为你正在为未来做准备，正在学习一些足以超越目前职位甚至成为老板的技巧。

当你拥有了为自己未来工作的心态时，你就会离自己的期望目标越来越近。

成功的关键不在学历，也不在出身和地位，就在我们从事的工作中。如果我们能够像吉姆那样，树立起为自己的未来打工的理念，在工作中不断学习和提升自己的业务素质，那么无论从事什么工作，我们都能找到让自己成功的机会。

20几岁初出茅庐的年轻人多数找不到别人看上去很神气的职位，那么就不如安下心来，踏踏实实地从低职位做起。不要瞧不起低职位，没有低水平的工作，只有低水平的人。无论多么平凡的小事、多么平凡的职位，只要从头至尾认真对待，便是大事，便是成功。

做事情要拿出信心

很多年轻人刚工作没有 3 个月就会换工作，因为"我觉得自己做不好""这个工作和我当初想的不一样""我觉得工作的内容与我的专业无关"……一大堆的借口，本质上都是在掩饰自己的信心不足。信心就是力量。"信心"在人们的眼中也许还是一个老生常谈的词汇，人们习惯于在面试之前、求婚之前、面对没有把握的事情之前，拿出这两个字来给自己加油打气；在参加演讲之前、领奖之前、踌躇满志的时候，为自己呐喊助威；在挫折和失败面前，面对令人沮丧的现实，让自己拥有一根精神杠杆。

我们习惯了被"信心"鼓动，乐于接受它输送给我们的瞬间力量，却常常忽视了它的本义——错误地以为"信心"是一个随叫随到的朋友，而不是每时每刻自然而然地焕发，是扎根在内心深处的认知和能量。

不得不承认，大多数时候，是"信心"这两个字给了我们力量，而不是信心本身。缺乏信心的人太多太多，并不特指我们身边极少数内向、害羞、胆小的人，那些表面看上去强悍、镇定、春风得意的人，未必是自信的人。

在判定自己是否有信心之前，人们至少先要反思下面的问题：

你的目光是否经常闪烁不定？

你与别人握手的时候是否坚定有力，让对方感到被尊重？

你对于外界评价的重视程度是否在合理的范围之内？

你怀疑自己将梦想变成现实的能力吗？

你是否对别人的冒犯反应过激？

你能不能接受与他人的差距，能不能接受别人在某个方面比自己好？

对于自己能力范围之外的事，你能否坦然处之？

对于自己的缺点，能否对你最重视的人承认？

在婚姻爱情方面，你害怕失去吗？

信心是无处不在的，信心是广义的，它不只与成功挂钩，人生的所有方面都与信心有关。而工作尤其如此。当你面临挑战的时候，信心会让你坦然地去接受挑战，而不是一味地退缩。

信心就像食物中的盐，只靠吃盐不能维持生命，但是如果没了盐，所有的菜都没有味道，人体会因缺碘而生病。如果没有信心，能力就会大打折扣；如果没有信心，美貌就会暗淡无光；如果没有信心，勇士也会畏缩不前；如果没有信心，行动就会游移不定；如果没有信心，爱情会变成折磨捆绑；如果没有信心，成功后面只是新一轮的迷惘恐慌……

信心不是无所不能的，但是没有信心，所有的好事都无法提高人的幸福感，所有的坏事都会变得更糟糕。

拿破仑在一次与敌军作战时，遭遇顽强的抵抗，队伍损失惨重，形势非常严峻。而他也因一时不慎掉入泥潭，弄得满身是泥，狼狈不堪。可此时的拿破仑却浑然不顾，内心只有一个信念，那就是无论如何也要打赢这场战斗。只听他大吼一声："冲啊！"

他手下的士兵见他那副滑稽模样，忍不住都哈哈大笑，但同时也被拿破仑的乐观自信所鼓舞。一时间，战士们群情激扬，奋勇当先，终于取得了战斗的最后胜利。

危急的困境没有变，人员和军备没有变，只因为有了乐观积极的心态，因为相信自己的力量，拿破仑带领的军队扭转了战局。

古人说："吾心信其可行，则移山填海如反掌折枝那么容易；吾心信其不可行，反掌折枝就难如登天。"有了信心，就有力量，信心的力量真是不可思议！

现代企业尤其需要自信，小到公司业务员外出签单、推销产品，再到公司老板接见权势人物，大到整个企业做大做强、上市集团化、实现成为500强企业的梦想，都需要坚定的信心来支撑。如果没有信心，公司业务员到市场中就很难签到单回来；如果没有信心，公司老板见到权势人物时就会底气不足、公关受挫；如果没有信心，企业就永远不会发展壮大起来，在市场经济的风浪中最终败下阵来，归于消亡。

一位哲人说得好："谁拥有了自信，谁就成功了一半。"高尔基也指出："只有满怀自信的人，才能在任何地方都把自信沉浸在生活中，并实现自己的理想。"古往今来，成功人士虽然从事不同的职业，具有不同的经历，但有一点是共同的：他们对自己都充满自信，由此激励自己自爱、自强、自主、自立。有了自信，就有了成功的希望。

别把目光盯在那点薪水上

刚刚步入社会的年轻人，好不容易找到了一份还算称心的工作，却不知道该如何去做好本分工作，而面对亟待改善的生活状态，如何看待工作与薪水的关系也成了我们需要重视的问题。对待工作和薪水，我们应当有平和的心态和正确的认识，太过急功近利往往会适得其反。

当然，我们工作是为了解决生计这一当务之急，在这一前提下，我们更应当注重工作的意义，学会在工作中充分挖掘自己的潜能、发挥自己的才干，为自己的理想而工作。虽然薪水是对工作报偿最直接的一种方式，但只注意到薪水无疑也是最短视的。如果一个人只为了薪水而工作，往往会被眼前的利益蒙蔽了心智，使人沦为简单的工作机器，没有更高尚的目标，这会使我们看不清未来发展的道路。只在乎薪水并不是一种良好的人生态度，长此以往，受害最深的不是别人，而是自己。

对薪水斤斤计较，工作上就容易产生消极情绪，长此以往，会让自己的热情全部消散，最终归于庸庸碌碌。一个以薪水为个人奋斗目标的人是不可能走出平庸的生活模式的，他也从来不会有真正的成就感。

我们需要明白，工作所给我们的，不只是薪水，它能提升我们自身的能力。如果我们满怀热情地视工作为一种积极的学习经验，那么，每一项工作中都包含着许多成长的机会。因此，即使我们在面对微薄的薪水时，我们也当换一个角度想想，我们在工作中得到的经验、教训、才能，其价值要高出薪水千万倍。

而事实也是如此，在计较自己的薪水之前，如果我们满怀热情地投入到工作中，时刻想着如何改善自己的工作效率，如何将工作做出色，那么，我们就根本不需要为薪水的事情担忧了。

卡罗·道恩斯原来是一名普通的银行职员，后来受聘于一家汽车公司。工作了6个月之后，他想试试是否有提升的机会，于是直接写信向老板杜兰特毛遂自荐。老板给他的答复是："任命你负责监督新厂机器设备的安装工作，但不保证加薪。"

道恩斯没有受过任何工程方面的训练，根本看不懂图纸。但是，他不愿意放弃任何机会。于是，他发挥自己的领导才能，自己花钱找到一些专业技术人员完成了安装工作，并且提前了一个星期，结果，他不仅获得了提升，薪水也增加了10倍。

"我知道你看不懂图纸，"老板后来对他说，"如果你随便找一个理由推掉这项工作，我可能会让你走。"成为千万富翁的道恩斯退休后担任南方政府联盟的顾问，年薪只有象征性的1美元，但是他仍然不遗余力，乐此不疲，因为"不为薪水而工作"已经成为他工作的一种习惯。

我们做事情要分清主次，不要本末倒置。如何把工作做得出色才是我们的当务之急，薪水只是随我们工作的恶与劣而定的。所以当我们刚踏入社会，不必过分考虑薪水的多少，而应该注意工作本身带给我们的报酬，注意认真工作、加强对自身能力的提升。譬如自己的工作技能、社会经验等，与我们在工作中获得的技能与经验相比，薪水也就显得不那么重要了。老板支付给我们的是金钱，而我们赋予自己的是享之不尽的财富之源。

　　能力比金钱重要万倍，金钱有尽，而能力则是带来财富的不竭源泉。我们很容易发现，许多成功人士一生起伏跌宕，他们也有人生低谷的时候，最后帮他们重返巅峰的不是金钱而是能力。

　　工作的态度决定工作的质量，工作的质量决定生活的质量。将工作仅仅当作赚钱谋生的工具，是无法改善自己工作的质量的，生活当然也不尽如人意。暂时抛却薪水的纠缠，把工作当作足以骄傲自豪的事业来看待，平凡的工作也会变得无比有意义，生活也就因此充满了乐趣。

　　布拉德·皮特被公司总部安排前往日本工作，与美国本土轻松、自由的工作氛围相比，日本的工作环境不但显得更紧张、严肃和有节奏感，而且薪水比在美国少了很多，这让布拉德很不适应。为此布拉德的生活一片糟糕。

　　布拉德向主管抱怨道："这边简直糟透了，我就像一条放在死海里的鱼，连呼吸都困难！"

　　主管是一位在日本工作多年的美国人，他完全能理解布拉德的感受。主管给布拉德传授了一条秘诀："我教你一个简单的方法，每天早上起来对着镜子至少说50遍'我来日本工作很自豪，我为的不是薪水而是经验'。记住，要面带微笑，发自内心地说。"

　　布拉德抱着试试看的态度，一开始还觉得很别扭，要知道"刻意地发自内心"可不是件容易的事情。可是几天下来，布拉德不但已经能够使自己熟练而自然地说出"我来日本工作很自豪，我为的不是薪水而是经验"，而且他还觉得周围的同事似乎对他也变得越来越友善了。

其实布拉德没有意识到的是，这几天的练习使他脸上的笑容越来越灿烂，工作也变得愉快了很多，他的这一表现不知不觉地感染了周围的同事，使大家都开始愿意接近他。

两个月后，布拉德发现在日本工作简直是一件让人非常愉快的事情！

所以说，20几岁的年轻人如果总是为自己到底能拿多少工资而大伤脑筋的话，又怎么能看到工资背后可能获得的成长机会呢？又怎么能意识到从工作中获得的技能和经验，对自己的未来将会产生多么大的影响呢？

要知道，工作给你的，要比你为它付出的更多。如果你将工作视为一种积极的学习经验，那么，每一项工作中都包含着许多个人成长的机会。

从小插座到商业帝国的距离

松下幸之助是日本著名的企业家，被誉为"经营之神"，他创造的一套经营管理制度风靡全世界，有专家称赞松下幸之助是世界级的管理天才。由最初的只有3个人的小作坊开始，经历几十年的努力拼搏，发展成为现今享誉全球的松下电器公司，白手起家的松下幸之助创造了一个传奇。

松下幸之助第一份与电器有关的工作是在一家电灯公司当内线员见习生，做屋内配线员的助手。因为松下幸之助聪明勤奋，3个月后，年仅16岁的他就转为正式工。

在电灯公司做技术工时，松下就着手研究电灯插座的改良设计。最终的试验成品花费了松下的大量心血，但是却没有得到主任的肯定。这让松下非常沮丧，但松下也因此下定决心，必须研究出成功的产品。就在这时，松下被提拔为检察员，所以插座的事情也就搁在一边。检察员的工作非常轻松，但松下却无法忍受这种日子，因为他是上进心比别人强过几倍的热血青年。

在这种情况下，雄心勃勃的松下选择了辞职，决定另立门户，着手做自己充满信心的革新插座。但这并不是一件容易的事情，松下首先面临的就是资金问题，当时只有100元的松下连一台机器或者一套模具都买不起；第二个难题就是人手问题，最初他们只有5个人，松下夫妇和松下的内弟以及松下的两位同事；第三个难题便是场地，但创业中最大的问题是松下他们很少考虑的技术问题。松下虽然醉心于设计改良，但他一向所从事的还仅仅是修理和装配方面的工作，和制造没有多大的关系。他的两位同事也并不比他高明多少，至于妻子和内弟，就更是彻头彻尾的门外汉了。

这些困难都不是松下放弃创业的理由，凭着对技术革新的兴趣以及对未来事业的期待，同时也迫于资金、人手等条件的局限和压力，他们不得不亲自动手，开源节流，倒也克服了一些困难。

在革新的过程中，最难解决的便是插座外壳的材料问题。松下等人都知道那是一种合成材料，其成分大概是沥青、石棉、滑石粉一类的东西，但究竟是何比例、怎样合成，却毫无头绪。今天，这类的合成品随处可见，其配方和合成技术也大多进入了公用领域。可在当时，那是一种新型行业，不用说许多技术工艺还处在摸索阶段，就是已有的资料也被发明者视为绝对机密的技术资料。

但松下没有退却，他认为"不懂有不懂的好处"。因为，不那么了解当然也就没有什么顾忌，敢于试验，敢于往前闯。松下和他的几个合作者反复实验，找回一些生产此产品的厂家的材料加以分析，但进展还是特别缓慢。

就在为此一筹莫展之际，松下辗转得到一个消息，过去的一个同事正在研究这类合成品。于是松下立即前去请教，同事告诉他说：自己本来也准备搞电料制造一类的事情，可进行得很不顺利，合成的事情倒是知道一些。他把自己的研究心得很快就告诉了松下，并给予了详尽的讲解。这时候，松下才知道，自己的方法和正确的工艺相当接近，只差一点诀窍而已。经过进一步摸索，虽然技术还欠缺一点火候，但已经八九不离十了。

材料的合成技术得以解决，剩下的金属片等问题也就迎刃而解。两个月之后，第一批改良插座制造出来了。一直充满自信的松下此时也不免犯难起来，因为他们不仅是技术门外汉，对于销售也是一无所知。对插座定价成了第一个问题，他们商量带着样品找电器行老板看看，然后再做决定。

销售的结果令松下他们非常沮丧，但他们不愿就此放弃。在以后的十几天内，他们带着插座几乎跑遍了整个大阪市的大街小巷，总算卖掉了100多个，收入只有10元。在这种情况下，大家知道，这种新插座并不符合市场要求，只能放弃了。要想继续维持下去，只能以新产品代替这种插座。但新产品的开发谈何容易，看来只能在已有的基础上，再对插座进行改良。但要进行改良，必须要有资金投入。可一提出这个问题，大家都不免有些尴尬。花了近4个月的时间，收入不过10元钱，连本钱都没有捞回来。

这种情况下，不要说无法筹集重新设计制作的资金，就是大家的生计也都成了问题。因为大家毕竟都是拖家带口的人，薪水多少倒不要紧，可是总得有饭吃呀。而且，新插座能否成功，还是个未知数，这样的改良不能不让人担心。没有具体计划，没有资金，也没有薪水的保证，松下的两个同事深感为难，便退出了。这样一来，就只有松下的妻子、内弟和松下3个人坚持经营下去。

松下认为，他们辛辛苦苦走到这一步，不能半途而废，他深信这项工作的前景无限光明，所以他们咬着牙一路坚持下去。在创业的艰难过程中，松下只能把自己和妻子的衣服首饰等物送进当铺来维持生计。

55年后的一天，已功成名就的松下偶然从住宅的仓库里保存的一包旧文书中发现一本年轻时典当衣物的账册，依据账面上的记载，从1917年4月13日到1918年8月止，他共有十几次将他夫人的衣服、首饰等物送进当铺。这一本账册，把松下当时生活之困窘、事业之艰难，生动地记录了下来。

松下说："经营事业，不论遭逢何种困难，都要如俗语所说：

'忍耐吧！忍耐吧！'如果一个人能忍耐到底，即使他的计划不能成功，但随着周围情势的转变，也会有新的出路；或者别人看到他坚毅的精神，使他们内心感动，从而向他伸出援助之手。此时，纵使事情未能照他的计划进行，也仍然能够达到预期的目的。"基于这样的人生哲学，松下一直坚持着。

松下经过苦苦的忍耐，事情的转机终于出现了。先前他们卖出的100余个插座出现在了一些电器商的货架上，一家制造电风扇的公司在商店见到后，对它的外壳合成材料表示很感兴趣，并向松下订购1000个用这种合成材料制造的电风扇底盘。订货商对松下说："你的这种材料，看来比较适用于做电风扇的底盘。我们先订1000个，请尽快送样品过来。如果好的话，以后每年两三万个订货不成问题。"这张订单对处在困境中的松下来说，简直是恩赐。因为时间紧迫，他便放下了插座的改良，专心做电风扇底盘，以便能在对方要求的时间内交货。

为了抓住这个机会，他们拼命地工作，做好的样品也让对方感到满意。当时他们干活的人只有3个，设备也只有模压成型机和加热原料用的锅。妻子做一些后勤工作，内弟井植帮忙做磨光等杂务，压型则主要由松下来完成。他们每天做100个左右，终于如期地把1000件订货交齐了。他们因此得到了160元的货款，扣除成本，净剩80元左右，这是松下创业以来的第一笔收入，他的欣喜之情溢于言表。

电风扇厂商经过使用后，得出的结论是："合成材料的底盘和其他部分配合，情况良好，形成定案，继续订购。"接着他们又向松下交付了2000个的订单，松下的经营状况逐渐良好。1917年7月，松下创办了自己的工厂，到年底，有了初步的收获，由此奠定了事业的基础。

松下创业之初，资金短缺、人手不够、不懂技术、不会销售等，一路磕磕绊绊，曾一度深陷困境的谷底。但是他并没有失去信念，而是用排除万难的勇气和魄力坚持了下来，一路披荆斩棘，终于获得了成功。

第四章
宁可输给强大的敌人，不能输给失控的自己

负面情绪是一座监狱，当你懂得控制情绪时，就得到了打开监狱大门的钥匙。正面情绪是你的命运开关，当你获得正能量时，幸运之门就会为你开启。20几岁的年轻人要懂得管理自己的情绪，创造自己想要的生活。

要想成为世界的主人，先成为情绪的主人

哈佛学子约翰·肯尼迪曾说："一个连自己都控制不了的人，我们的民众会放心把国家都交给他吗？"

生活中，不好的情绪常常折磨我们的心灵，使我们做事出现种种偏差。因此，我们应尽量在情绪控制自己之前控制住情绪。那些能取得成就的人往往是能驾驭情绪的人，而失败得一塌糊涂的人通常是那些被情绪驾驭的人。

一名初入歌坛的歌手，满怀信心地把自制的录音带寄给某位知名制作人。然后，他就日夜守候在电话机旁等候回音。

第一天，他因为满怀期望，所以情绪极好，逢人就大谈抱负。第十七天，他因为情况不明，所以情绪起伏，胡乱骂人。第三十七天，他因为前程未卜，所以情绪低落，闷不吭声。第五十七天，他因为期望落空，所以情绪坏透，拿起电话就骂人。没想到，电话正是那位知名制作人打来的，他为此而自断了前程。

实际上，我们自己不生气什么事情都没有了，生气都是自找的，在生气的时候我们要适当进行情绪转换，让自己不至于伤心难过。

在一生中，总会遇到不好的事情，有人会觉得自己倒霉透顶，于是，嘴里骂着，心里恨着。其实这样的生气是无谓的，根本不能改

变现状，还不如利用这些时间想想如何变不利为有利，跨过艰难。

约翰尼·卡特很早就有一个梦想——当一名歌手。参军后，他买了自己有生以来的第一把吉他。他开始自学弹吉他，并练习唱歌，他甚至自己创作了一些歌曲。服役期满后，他开始努力工作以实现当一名歌手的愿望，可他没能马上成功。没人请他唱歌，他连电台唱片音乐节目广播员的职位也没能得到。他只得靠挨家挨户推销各种生活用品来维持生计，不过他还是坚持练唱。他组织了一个小型的歌唱小组，在各个教堂、小镇上巡回演出，为歌迷们演唱。最后，他制作的一张唱片奠定了他音乐工作的基础。他吸引了2万多名歌迷，金钱、荣誉、在全国电视屏幕上露面——所有这一切都属于他了。他对自己坚信不疑，这使他获得了成功。

然而，卡特接着又经受了第二次考验。经过几年的巡回演出，他被那些狂热的歌迷拖垮了，晚上必须服安眠药才能入睡，而且还要吃些"兴奋剂"才能维持第二天的精神状态。他开始染上一些恶习——酗酒、服用催眠镇静药和刺激兴奋性药物。他的恶习日渐严重，以致对自己失去了控制能力：他更多地出现在监狱里而不是舞台上。到了1967年，他每天必须吃100多片药。

一天早晨，当他从佐治亚州的一所监狱刑满出狱时，一位行政司法长官对他说："约翰尼·卡特，我今天要把你的钱和麻醉药都还给你，因为你比别人更明白，你能充分自由地选择自己想干的事。这就是你的钱和药片，你现在就把这些药片扔掉吧，否则，你就去麻醉自己，毁灭自己，你自己选择吧！"

卡特选择了生活。他又一次对自己的能力有了肯定，深信自己能再次成功。他回到纳什维利，并找到他的私人医生，开始戒毒瘾。尽管这在别人看来几乎不可能，因为戒毒瘾比找上帝还难。但他把自己锁在卧室闭门不出，一心一意就是要根绝毒瘾，为此他忍受了巨大的痛苦，经常做噩梦。后来，在回忆这段往事时，他说，那段时间总是感觉昏昏沉沉的，身体里好像有许多玻璃球在膨胀，突然一声爆响，只觉得全身布满了玻璃碎片。当9个星期以后，他又恢复到原来的样子了，睡觉不再做噩梦。他努力实现自己的计划，几个月后，他重返舞台。经过不停息地奋斗，他终于又一次成为超级歌星。

一个人要想征服世界，首先要战胜自己。天底下最难的事莫过于驾驭自己，这正如一位作家所说："自己把自己说服了，是一种理智的胜利；自己被自己感动了，是一种心灵的升华；自己把自己征服了，是一种人生的成熟。但凡说服了、感动了、征服了自己的人，就有力量征服一切挫折、痛苦和不幸。"

控制自己不是一件非常容易的事情，因为我们每个人心中永远存在着理智与感情的斗争。20几岁的年轻人应该有战胜自己感情，控制自己命运的能力。如果任凭感情支配自己的行动，就会使自己成为感情的奴隶。

暴躁的性格是引发不幸的导火线

一个人性格暴躁的最直接表现就是非常容易愤怒，愤怒是一种很常见的情绪,特别是对 20 几岁的年轻人。愤怒本身不是什么问题,但如何表达愤怒则是个问题。

脾气暴躁,经常发火,不仅是诱发心脏病的致病因素,而且会增加患其他病的可能性,它是一种典型的慢性自杀。因此为了确保自己的身心健康,必须学会控制自己,克服爱发脾气的坏毛病。

如何有效地抑制生气和愤怒的情绪呢?这主要在于自己的修养和来自亲人及朋友的帮助与劝慰。实验证明,在行为方式有改善的人群中,死亡率和心脏病复发率会大大下降。为了控制或减少发火的次数和强度,必须对自己进行意识控制。当愤愤不已的情绪即将爆发时,要用意识控制自己,提醒自己应当保持理性,还可进行自我暗示:"别发火,发火会伤身体。"有涵养的人一般能控制住自己。同时,及时了解自己的情绪,还可向他人求得帮助,使自己遇事能够有效地克制愤怒。只要有决心和信心,再加上他人对你的支持、配合与监督,你的目的一定会达到。

一般来说,性格暴躁的人都有如下的一些表现:

(1)情绪不稳定。他们往往容易激动。别人有一点友好的表示,他们就会将其视为知己;如果话不投机,就会立即怒不可遏。

(2)自尊心脆弱,怕被否定,以愤怒作为保护自己的方式。有的人希望和别人交朋友,而别人让他失望了,他就给人家强烈的羞辱,以挽回自己的自尊心。这同时也就永远地失去了和这个人亲近的机会。

(3)有不安全感,怕失去。

(4)多疑,不信任他人。暴躁的人往往很敏感,把别人无意识的动作,或轻微的失误,都看成是对他们极大的冒犯。

(5)将别处受到的挫折和不满情绪发泄在无辜的人身上。

应当说,脾气是一个人文化素养的体现。但凡有文化、有知识、有修养者,往往待人彬彬有礼,遇事深思熟虑,冷静处置,依法依规行事,不会轻易动肝火。而大发脾气者,大多是缺乏文化修养的人,他们干柴般的思想修养,遇火便着,任凭自己的脾气脱缰奔驰,直至撞墙碰壁,头破血流,惹出事端。

所以,容易情绪暴躁的人,提高自己的素质修养刻不容缓。下面的6条措施将帮助你完成改变暴躁性格这一心理、生理的转变过程,让你的性格臻于完善。

(1)承认自己存在的问题。请向你的配偶和亲朋好友承认,自己以往爱发脾气,决心今后加以改进,希望他们对你支持、配合和督促,这样有利于你逐步达到目的。

(2)保持清醒。当愤愤不已的情绪在你脑海中翻腾时,要立刻提醒自己保持理性,这样你才能避免愤怒情绪的爆发,才能恢复清醒和理性。

(3)反应得体。受到不公平对待时,任何正常的人都会怒火中烧。但是无论发生什么事,都不可放肆地大骂出口。而该心平气和、不抱成见地让对方明白,他的言行错在哪儿,为何错误。这种办法给对方提供了一个机会,在彼此不受伤害的情况下改弦更张。

(4)推己及人。把自己摆到别人的位置上,你也许就容易理解对方的观点与举动了。在大多数场合,一旦将心比心,你的满腔怒气就会烟消云散,至少觉得没有理由迁怒于人。

（5）诙谐自嘲。在那种很可能一触即发的危险关头，你还可以用自嘲解脱。"我怎么啦？像个3岁小孩，这么小肚鸡肠！"幽默是改掉发脾气的毛病的最好手段。

（6）贵在宽容。学会宽容，放弃怨恨和报复，你随后就会发现，把愤怒的包袱从双肩卸下来，显然会帮助你放弃错误的冲动。

一位哲人说："谁自诩为脾气暴躁，谁便承认了自己是一名言行粗野、不计后果者，亦是一名没有学识、缺乏修养之人。"细细品味，煞是有理。20几岁的年轻人，愿我们都能远离暴躁脾气，做一个有知识、有文化、有修养的人。

因此，能够自我控制是人与动物最大的区别之一。脾气虽与生俱来，但可以调控。多学习，用知识武装头脑，是调节脾气的最佳途径。知识丰富了，修养提高了，法纪观念增强了，脾气这匹烈马就会被紧紧牵住，无法脱缰招惹是非，甚至刚刚露头，即被"后果不良"的意识制约，最终把上窜的脾气压下，把不良后果消灭在萌芽状态。

自控，成熟比成功更重要

20几岁的年轻人正处于青春年少、意气风发的年纪，总是缺少自控，很容易被自己的情绪掌控。但是，自我控制是一种重要的能力，也是人区别于动物的重要标志。人是有理性的，而非依赖感情行事。没有自制力的人终将一无所成，因为一点小刺激和小诱惑就抵制不了，继而深陷其中，最终害的还是自己。

有一个间谍,被敌军捉住了,他立刻装聋作哑,任凭对方用怎样的方法威逼利诱,他都不为所动。等到最后,审问的人故意和气地对他说:"好吧,看起来我从你这里问不出任何东西,你可以走了。"你认为这个间谍会立刻转身走开吗?不会的!要是他真这样做,他就会当场被识破他的聋哑是假装的。这个聪明的间谍依旧毫无知觉似的呆立着不动,仿佛对于那个审问者的话完全不曾听见。

审问者是想用释放他的方法使他麻痹,来观察他的聋哑是否真实,因为一个人在获得自由的时候,常常会精神放松。但那个间谍听了依然毫无动静,仿佛审问还在进行,就不得不使审问者也相信他确实是个聋哑人了,只好说:"这个人如果不是聋哑的残废者,那一定是个疯子!放他出去吧!"就这样,间谍保住了自己的性命。

很多人都惊叹于这个间谍的聪明。其实,与其说这个间谍聪明,还不如说是他超凡的情绪自控力在关键时刻拯救了他的性命,换回了他的自由。

情绪是人对事物的一种最浮浅、最直观、最不用脑的情感反应。它往往只从维护情感主体的自尊和利益出发,对事物没有复杂、深远和智谋的考虑,这样的后果,就是常使自己处在很不利的位置上或为他人所利用。本来,情感离智谋就已距离很远了(人常常以情害事,为情役使,情令智昏),情绪更是情感最表面、最浮躁的部分,以情绪做事,焉有理智?不理智,能够有胜算吗?

但是很多人在工作、学习、待人接物时,却常常依从情绪的摆布,头脑一发热(情绪上来了),什么蠢事都愿意做,什么蠢事都做得出来。比如，因一句无甚利害的话，有人便可能与人打斗，甚至拼命（诗人莱蒙托夫、诗人普希金与人决斗死亡，便是此类情绪所致）；又如，有人因别人给他们一点小恩小惠，而心肠顿软，大犯根本性的错误（西楚霸王项羽在鸿门宴上耳软、心软，以致放走死敌刘邦，最终痛失天下，便是这种柔弱心肠的情绪所致）；还可以举出很多因情绪的浮躁、简单、不理智等犯的过错，大则失国失天下，小则误人误己误事。事后冷静下来，自己就会感到犯了错误。这都是因为情绪的躁动和亢奋，蒙蔽了人的心智导致的。

所以，给自己的情绪装一个自制的阀门吧，这样我们才能做到挥洒自如，才能赢得卓越的人生。

日常生活中，我们难免会有情绪不好的时候，这时候不妨试着用以下的方法来控制情绪：

1. 转移

当我们受到无法避免的痛苦打击时，可能会长期沉浸在痛苦之中，这样既于事无补、不能解决任何问题，又影响自己的工作、损害健康，所以我们应该尽快地把自己的注意力转移到那些有意义的事情上去，转移到最能使自己感到自信、愉快和充实的活动上去。这一方法的关键是尽量减少外界刺激，尽量减少它的影响和作用。

2. 解脱

解脱就是换一个角度来看待令人烦恼的问题。从更深、更高、更广、更长远的角度来看待问题，对它有新的理解，以求跳出原有的圈子，使自己的精神获得解脱，以便把精力全部集中到自己所追求的目标上。

3. 升华

升华就是利用强烈的情绪冲动，把它引向积极的、有益的方向，使之具有建设性的意义和价值。我们常说的"化悲痛为力量"就是指升华自己的悲痛情绪。其实不只是悲痛可以化为力量，其他的强烈情感也都可以化为力量。

4. 利用

利用，就是我们常说的"坏事也能变成好事"。一种利用是对时机和客观条件的利用。一个能使我们苦恼的强制性要求，如果能巧妙地加以利用，就有可能首先在精神上感到自己由被动转化为主动，进而可以使烦恼变得怡然自得、乐在其中。

所以，20几岁的年轻人，要想成功，自控是很重要的。

情绪不稳定时，学会"绕着房子跑三圈"

很久以前，有一个年轻人，每次生气和人起争执的时候，就以很快的速度跑回家去，绕着自己的房子和土地跑3圈，然后坐在田地边喘气。他工作得非常努力，他的房子越来越大，土地也越来越广，但不管自己多么富有，只要与人争论生气，他还是会绕着自己的房子和土地跑3圈。为什么他从来不暴跳如雷呢？大家都很奇怪。

许多年过去了，他已不再年轻。当心情不好的时候，他还是一如既往地拄着拐杖艰难地绕着土地、房子走完3圈。他的孙子在身边问他："爷爷，您年纪大了，这附近的人也没有谁的土地比您的更大，您何必这么辛苦呢？"

他笑了笑，终于说出隐藏在心中多年的秘密："年轻时，我生气时，就绕着房子和土地跑3圈，边跑边想，我的房子这么小，土地这么小，我哪有时间、哪有资格去跟人家生气？一想到这里，气就消了，于是就把所有的精力用来努力工作。可是现在，我一边走一边想，我的房子这么大，土地这么多，我又何必跟人计较？这样，我的心又平静下来。我从来不会浪费时间去愤怒，所以每一天都过得非常快乐。"

这位老人深谙生活的智慧。人虽然是情绪动物，难免会有各种负面情绪滋生，如果任由恶劣情绪控制自己，人生将变得毫无乐趣。被愤怒控制，会因冲动铸成大错；被烦躁控制，会坐立不安、一事无成；被忧伤控制，会日渐消沉，看不到生活的希望。所以，一个人要想做成大事，必须要有稳定的情绪和成熟的心态。

缺乏对自己情绪的控制，是做事的大忌。试想，如果你一会儿心情忧郁，情绪一落千丈；一会儿又怒火冲天，使你的朋友们对你敬而远之；一会儿又情绪高昂，手舞足蹈，谁愿意与这种情绪不定的人交往合作？而且，情绪不稳定的人对于自己确立的目标也常常不能坚持到底，做事容易情绪化，朝三暮四，高兴了就做，不高兴就扔在一边，丝毫没有计划性和韧性，这样的人能成功吗？

艾森豪威尔说："能控制自己情绪的人，可以成就任何大业。"傅山说："愤怒达到沸腾点时，就很难克制住，除非'天下大勇者'，否则便不能做到。"中国古语云："小不忍则乱大谋。"如果你想和对方一样发怒，你就应想想这种爆发会发生什么后果。如果发怒会损害你的利益的话，那么你就应该约束自己、控制自己，无论这种自制如何困难。

汉初名臣张良在年少外出求学时，曾遇到过一件事。

有一天，他走到一座桥上，遇到一个老人穿着粗布衣服在那里坐着。见张良过来，他故意将鞋子扔到桥下，冲张良喊："小子，下去给我把鞋捡上来！"

张良听了一愣，本想发怒，但看到对方是个老人，就强忍着怒气到桥下把鞋子捡了上来。

老人说："给我把鞋穿上。"

张良想，既然已经捡了鞋，索性就好事做到底吧，就跪下来给老人穿鞋。

老人穿上鞋后笑着离去了。他一会儿又返回来，对张良说："孺子可教也。"于是约张良再见面。这个老人后来向张良传授了《太公兵法》，使张良最终成为一代良臣。

老人考察张良，就是看他有没有遇辱能忍的自我克制的修养，有了这种修养，才能担当大任，处理多种复杂的人脉资源和困难的事情；才能遇事冷静，知道祸福所在，不意气用事。20几岁的年轻人在平时要注意这种修养，克制、忍耐，处理好所遇到的人和事。

控制自己的情绪既然如此重要，那么20几岁的年轻人，当你情绪不稳定时，不妨学着第一个例子的主人公绕着房子跑3圈。

情绪低落时不妨假装快乐

许多人都有这样的体会：当我们在做一些有兴趣也很令人兴奋的事情时，很少会感到疲劳。因此，克服疲劳和烦闷的一个重要方法就是假装自己已经很快乐。如果你假装对工作有兴趣，一点点假装就可以使你的兴趣成真，也可以减少你的疲劳、紧张和忧虑。

有天晚上，艾丽丝回到家里，觉得精疲力竭，一副疲倦不堪的样子。她觉得很累，甚至不想吃饭就要上床睡觉。可是，当她看到父母坐在饭桌前等她吃饭的样子，还有母亲暖暖的那句："很累吧！快过来吃饭吧！"心里顿时觉得暖暖的，挤出一个笑容，于是便坐在了饭桌前。

她知道父母关心她，所以纵使情绪低落、工作上多累多不顺心，她也不想让父母担心，于是她就尽量表现出很开心的样子，让父母放心，有时候，她还真的觉得这样做能让自己轻松不少。

心理因素的影响，通常比肉体劳动更容易让人觉得疲劳，这已经是一个大家都知道的事实了。约瑟夫·巴马克博士曾在《心理学学报》上有一篇报告，谈到他的一些实验，证明了烦闷会产生疲劳。巴马克博士让一大群学生做了一连串的实验，他知道这些实验都是他们没有什么兴趣做的。其结果呢？所有的学生都觉得很疲倦、打瞌睡、头痛、眼睛疲劳、很容易发脾气，甚至还有几个人觉得胃很不舒服。所有这些是否都是"想象"来的呢？

不是的，这些学生做过新陈代谢的实验，由实验的结果知道，一个人感觉烦闷的时候，他身体的血压和氧化作用实际上真的会减低。而一旦这个人觉得他的工作有趣的时候，整个新陈代谢作用就会立刻加速。

心理学家布勒认为，造成一个人疲劳感的主要原因是心理上的烦恼。加拿大明尼那不列斯农工储蓄银行的总裁金曼先生对此是深有体会。

在1943年的7月，加拿大政府要求加拿大阿尔卑斯登山俱乐部协助威尔斯军团进行登山训练，金曼先生就是被选来训练这些士兵的教练之一。他和其他的教练——那些人从42岁到59岁不等——带着那些年轻的士兵，长途跋涉过很多的冰河和雪地，再用绳索和一些很小的登山设备爬上悬崖。他们在加拿大洛杉矶的小月河山谷里爬上米高峰、副总统峰和很多其他没有名字的山峰，经过15个小时的登山活动之后，那些非常健壮的年轻人，都完全精疲力竭了。

他们感到疲劳，是否因为他们军事训练时，肌肉没有训练得很结实呢？任何一个接受过严格军事训练的人对这种荒谬的问题都一定会嗤之以鼻。原来，他们之所以会这样精疲力竭，是因为他们觉得登山很烦。他们中很多人疲倦得不等到吃过晚饭就睡着了。可是那些教练们——那些年岁比士兵要大两三倍的人——是否疲倦呢？不错，可是不会精疲力竭。那些教练们吃过晚饭后，还坐在那里聊了几个钟点，谈他们这一天的事情。他们之所以不会疲倦到精疲力竭的地步，是因为他们对这件事情感兴趣。

耶鲁大学的杜拉克博士在主持一些有关疲劳的实验时，用那些年轻人经常保持感兴趣的方法，使他们维持清醒差不多达一星期之久。在经过很多次的调查之后，杜拉克博士表示"工作效能减低的唯一的真正原因就是烦闷"。

因此，经常保持内心愉悦是抵抗疲劳和忧虑的最佳良方。在这里，请记住布勒博士的话："保持轻松的心态，我们的疲劳通常不是由于工作，而是由于忧虑、紧张和不快。"

20几岁的年轻人，如果你此刻不快乐，会导致身体更加疲劳，情绪也就更加低落，因此，不妨假装自己是快乐的，当你的心理产生快乐的愿望时，身体也会跟着调整到快乐时的状态，从而形成良性的循环。不信你就试试看。

用运动驱散心头的烦闷

卡耐基曾诙谐地说过："我若发现自己有了烦恼，或是精神上像埃及骆驼寻找水源那样猛绕着圈子不停打转，我就利用激烈的体能锻炼，来帮助我驱逐这些烦恼。"正如他所说的，烦恼、情绪低落时的最佳"解毒剂"就是运动。当你烦恼时，多用肌肉，少用脑筋，其结果将会令你非常惊讶。这种方法对每一个人都极为有效。

因此，20几岁的年轻人，当你觉得情绪不佳时，不妨尝试去做一些运动，这些运动可以是跑步，或是徒步远足到乡下，或是打半小时的沙袋，抑或是到体育场打网球。不管是什么，体育活动总能使我们的精神为之一振。等到肉体疲倦了，精神也随之得到了休息，当我们再度回去工作时，我们就会觉得精神饱满，充满活力。事实证明，快乐的身体能够带动快乐的心。

有位专门研究快乐如何影响心理的科学家曾整理出了快乐的技巧，方法简单而且见效神速，能让人立刻就变得乐观起来，这个方法就是运动。

首先，经常运动，抬头挺胸。我们在矫正头脑之前，要先矫正身体。为什么呢？因为生理与心理是息息相关的。相信你也该有过这样的体验，当心情处于低潮的时候，我们往往也是无精打采、垂头丧气；而心情快乐时，自然是抬头挺胸、昂首阔步了。

再从另一角度来看，当一个人抬头挺胸的时候，呼吸会比较顺畅，而深呼吸则是释放压力的妙方。所以当抬头挺胸时，我们会觉得比较能够应付压力，当然也就容易产生"这没什么大不了"的乐观态度。另外，与肌肉状态有关的信息也会通过神经系统传回大脑去。当我们抬头挺胸的时候，大脑会收到这样的信息，四肢自在，呼吸顺畅，看来是处于很轻松的状态，心情应该是不错的。在大脑也做出心情愉悦的判决后，自己的心情就更轻松了。因此，身体的状态和姿势的确会影响心情状态，要是垂头，就容易感到丧气，如果挺胸，则容易觉得有生气。

这个简单得令人难以置信的方法，可千万别小看它，下次若头脑中悲观的念头再冒出来时，赶快调整一下姿势，抬头挺胸地带出乐观的心境吧！

20几岁的年轻人身处竞争激烈的社会，常常会有莫名的烦躁感，常常会感到情绪压抑，这时不妨站起来运动运动，坏情绪自然会烟消云散。

别让浮躁毁掉你的前程

有一个人得了很重的病，给他看病的医生对他说："你必须多吃人参，你的病才会好！"这个人听了医生的话，果然就去买了一只人参来吃，吃了一只就不吃了。

后来医生见到这个病人就问他："你的病好了吗？"病人说："你叫我吃人参，我吃了一只人参，就没有再吃了，可我的病怎么还没有好？"医生说："你吃了一只人参，怎么不接着吃呢？难道吃一只人参就指望把病治好吗？"

古代有一个年轻人想学剑法。于是，他就找到一位武术界当时最有名气的老者拜师学艺。老者把一套剑法传授与他，并叮嘱他要刻苦练习。一天，年轻人问老者："我照这样练习，需要多久才能够成功呢？"老者答："三个月。"年轻人又问："我晚上不去睡觉来练习，需要多久才能够成功？"老者答："三年。"年轻人吃了一惊，继续问道："如果我白天黑夜都用来练剑，吃饭走路也想着练剑，又需要多久才能成功？"老者微微笑道："三十年。"年轻人愕然……

古时候有兄弟二人，都很有孝心，每日上山砍柴卖钱为母亲治病。神仙为了帮助他们，便教他们二人，可用四月的小麦、八月的高粱、九月的稻、十月的豆、腊月的雪，放在千年泥做成的大缸内密封49天，待鸡叫三遍后取出，汁水可卖钱。兄弟二人各按神仙教的办法做了一缸。待到49天鸡叫二遍时，老大耐不住性子打开缸，一看里面是又臭又黑的水，便生气地洒在地上。老二坚持到鸡叫三遍后才揭开缸盖，里边是又香又醇的酒。

这三则寓言讲的都是人性中的浮躁。急于求成、急功近利是人的本性，做事情总是求快，往往总是追求了速度，却忘记了质量。人只有沉下心来，一步一个脚印，才能将该做的事情做好。生活中，无论是名不见经传的普通人，还是声名显赫的企业家，都很容易被暂时的胜利冲昏头脑，在浮躁的心理下半途而废。所以，我们一定要戒除浮躁心理，才能创造每个人自己的成就。

只有不浮躁，才不会因为各种各样的诱惑而迷失方向。只有不浮躁，才会有耐心与毅力一步一个脚印地向前迈进。

奥比太太在她的屋子后面种了一大片玉米。经过几个月的辛勤劳作，眼看就到收获的季节了。

一个籽粒饱满、裹着几层绿色外衣的玉米说道："收获那天，主人肯定先摘我，因为我是今年长得最好的玉米。"周围的玉米听了，也都随声附和地称赞着。

收获开始了，奥比太太虽然看了看那个最好的玉米，但并没有把它摘走。

"她眼力可能不太好，没注意到我，明天，明天，她一定会把我摘走的！"那个最好的玉米自我安慰着。

第二天，奥比太太又哼着欢快的歌儿收走了其他的玉米，可唯独没有摘这个最好的玉米。

"明天老婆婆一定会把我摘走的!"最好的玉米仍然自我安慰着。

第三天,第四天,从这以后的好多天,奥比太太再也没有来过,最好的玉米被摘走的希望越来越渺茫了。

直到一个漆黑的雨夜,最好的玉米才突然感悟到:"我总以为自己是今年最好的玉米,但现在连奥比太太都不要我了。白天,我顶着烈日,原来饱满而又排列整齐的颗粒变得干瘪坚硬,整个身体像要炸裂一般。夜晚,我又要和风雨作斗争。也许她真的不需要我,也许我真的不是最好的!"

不知不觉,黑夜就过去了,清晨柔和的阳光照射在玉米的脸上,它抬起头来,睁开眼睛的时候,一下就看到了站在自己面前微笑的奥比太太。

奥比太太用一种柔和的目光看着它,轻声说道:"这可是今年最好的玉米,它的种子明年一定比它今年长得还要好呦!"这时,最好的玉米才明白奥比太太不摘走它的原因。

正当它想着的时候,这个获此殊荣的玉米被奥比太太轻轻地摘了下来……

20几岁的年轻人和这个玉米一样,被别人承认的欲望总在心底蠢蠢欲动。在向众人展示自己的同时,我们常因自己是最好的那一个而沉不住气,急于得到别人的称赞和肯定,却常常忽略心浮气躁的品性会给自己前进的道路带来不必要的障碍。要知道,最好的那一个总是在最后才被发掘和利用,千万不要因为自己的心浮气躁而毁掉自己的前程。要记住，心浮气躁难成大事，要做最好的就要沉得住气。

最大的竞争对手永远是自己

在人一生的奋斗中，会遇到各种各样的对手：机智聪慧的、老谋深算的、心狠手辣的、厚颜无耻的……一个个非常棘手的狠角色，但毫无疑问，其中最难对付的一个就是自己。这个"对手"会用懦弱、懒惰、贪婪、恫吓、不思进取、悲观绝望、自命不凡等"武器"对你进行慢慢腐蚀或一举击溃，总之是软硬兼施、威逼利诱，而且这种威胁一直伴随到你生命的尽头。所以在与其他竞争对手进行搏斗时，别忘了时刻警醒自己，自己才是最大的竞争对手。

"并购了雅虎中国后，我们开始成为所有中国网络公司的竞争对手。"这是具有危机意识的马云在阿里巴巴并购雅虎之后说的话。这次成功并购雅虎中国使阿里巴巴迅速提升了自身实力，一举成为中国最具竞争力的网络公司之一，各路强劲的竞争对手和威胁接踵而至。"我们惊动了全世界最强大的竞争对手 eBay，国内的互联网公司新浪、搜狐、网易、腾讯也全部都把我们当成竞争对手。"马云对此表示有所担忧，但马云认为最大的威胁还是来自自己。"没有公司会对阿里巴巴构成威胁，真正的威胁来自我们自己。中国市场上也许会有 50 个和阿里巴巴相似的公司，但是只会有一个阿里巴巴。"马云就是这么自信，他的自信也有资本：创业 8 年，身价超过 50 亿。但是面对诸多成功和荣誉，他没有志得意满，他很冷静。"首先，荣誉是团队带来的，而不是我一个人的功劳。其次，对于阿里巴巴这么年轻，还处于创业阶段的公司来说，现在过多的荣誉是害处大于益处。"马云认为阿里巴巴还有许多隐患和风险，他要在成功的风口浪尖给自己泼一盆冷水，他担心的对手不是别人而是自己。"我认为真正的竞争对手是自己，所以我们不去研究竞争对手。为此，我花费了大量口舌来说服我的高层管理团队。在 100 米冲刺时，研究对手就是往后看。只有研究明天，研究自己，研究用户才是根本，才是往前看。别人不一定是对的，你老是研究别人，脚步就自然地跟过去了。"

在阿里巴巴已经是一家很成功的企业的时候，当各方好评如潮水般涌来的时候，马云看到的是危机。"阿里巴巴有没有危机？我觉得危机很大，要不我怎么可能这 5 年体重没长过一斤，而且现在越来越瘦。我以前也在想公司大点可能老板就轻松了，可现在发觉越大越累，CEO 天天想的就是危机在哪里。找出公司内部的问题是件好事，因为团队需要融洽，有些东西也许今天没用但是可能会成为癌症。作为 CEO 必须在公司内部不断关注癌细胞的癌变，这个很痛苦，你如果能够真的找得到癌细胞，你就是顶尖人物了。"

"最大的威胁还是来自我们自己"，这是马云经常说的一句话。他时刻警惕自己这个竞争对手不曾有过思想放松，所以时刻研究用户、研究自己，才有了阿里巴巴的日益强大。

2000 年，华为公司的年销售额达 220 亿元，获利 29 亿元人民币，位居全国电子百强首位，可就在这个时候，华为公司的总裁任正非却写出了《华为的冬天》一文，跟员工们大谈华为的危机："公司所有员工是否考虑过，如果有一天，公司销售额下滑、利润下滑甚至破产，我们怎么办？我们公司的太平时间太长了，在和平时期升的官太多了,这也许就是我们的灾难。泰坦尼克号也是在一片欢呼声中出的海。而且我相信,这一天一定会到来。面对这样的未来,我们怎样来处理,我们是否思考过……"

我们一旦战胜其他竞争对手,取得一点成绩以后就开始贪图享乐,作为对自己以往辛苦奋斗的慰劳。稍微犒劳自己一番,完全可以,但是我们绝对不能够麻痹大意、放松警惕,因为始终有一个强大的对手伴随着我们。

《围炉夜话》中说:"事当难处之时,只让退一步,便容易处矣;功到将成之候,若放松一着,便不能成矣。"当事情难以办到时,只要能够忍让一步,问题就容易解决。事情将要成功的时候,如果稍有松懈就会功亏一篑,难以成功。

因此我们要时刻警惕,因为与自己竞争是一场苦战,更是一场持久战。

无尽的欲望会让你成为一口枯井

托尔斯泰说:"欲望越小,人生就越幸福。"这句话蕴含着深邃的人生哲理。这是针对欲望越大,人越贪婪,人生越易致祸而言的。古往今来,被难填的欲壑葬送的贪婪者,多得不可计数。

我们应该明白:即使拥有整个世界,我们一天也只能吃三餐,这是人生思悟后的一种清醒,谁真正懂得它的含义,谁就能活得轻松、过得自在,白天知足常乐,夜里睡得安宁,走路感觉踏实,蓦然回首时没有遗憾!

物欲太盛驱使灵魂变态，也就是永不知足，没有家产想家产，有了家产想当官，当了小官想大官，当了大官想成仙……精神上永无宁静，永无快乐。

物质上永不知足是一种病态，其病因多是权力、地位、金钱之类引发的。这种病态如果发展下去，就是贪得无厌，其结局是自我爆炸、自我毁灭。

面对诱惑，需要保持清醒的头脑，要勇于放弃。如果抓住不放、贪得无厌，就会带来无尽的压力、痛苦和不安，甚至毁灭自己。

晋代陆机《猛虎行》有云："渴不饮盗泉水，热不息恶木荫。"讲的就是在诱惑面前的一种放弃、一种清醒。

以虎门销烟闻名中外的清朝封疆大吏林则徐，便深谙放弃的道理。他以"无欲则刚"为座右铭，历官40年，在权力、金钱、美色面前做到了洁身自好。他教育两个儿子"切勿仰仗乃父的势力"，实则也是其本人处世的准则；他在《自定分析家产书》中说，"田地家产折价三百银有零""况目下均无现银可分"，其廉洁之状可见一斑；他终其一生，从来没有沾染拥姬纳妾之俗，在高官重臣之中恐怕也是少见的。

在现实生活中，我们需要有一种放弃欲望的清醒。其实，在物欲横流、灯红酒绿的今天，摆在每个人面前的诱惑都有许多。唯有保持一颗清凉心的人，才不会误入歧途。

无尽的欲望只会让20几岁的年轻人成为一口枯井。贪婪是耗尽人的能量，却永不让人满足的地狱。所以，20几岁的年轻人一定要锁住自己的欲望，不要让它破坏掉自己的幸福。

第五章
20几岁开始积累资源，别让未来的自己单打独斗

这是一个人人都希望成功的年代，这是一个沟通胜过拳头的年代，这是一个人脉决定输赢的年代，20几岁，人脉决定你的未来！人脉即财富，20几岁是积累人脉的最佳时期。如果你想早日成功，就从20几岁开始。充满热情地积累人脉吧！

储存人脉胜过储存黄金

谁都不是单独生活在社会中的个体。在生活中,我们难免会形成这样或者那样的关系,比如父子关系、朋友关系、夫妻关系;在工作中,我们也要处理与同事、上级和下属之间的关系。在处理这些关系的过程中,我们会形成自己的关系网,这就是我们的人脉。

有的人认为自己的能力强,个性独特,就不需要拥有人脉了。其实这样的想法是错误的,对于这样的人,社会将给予忠告:只依靠个人的力量取得成功的人,一定会付出超乎常人的代价。

有的人认为自己已经积累了很多财富,无论精神上还是物质上,都十分富足了,不需要再考虑人脉的问题。这样的想法也是不对的。世界每天都在变化,你不可能每天都生活在自己单独搭建的小屋里而不与外界接触。即使你没有什么需要求助于别人,但你还有父母、亲戚、朋友、子女,你不能保证他们也不需要你为他们做任何事情。

在生活中,财富固然重要,可是储存黄金远远不如储存人脉重要。因为黄金是不可再生资源,花掉了,用完了,也就消失了,但是人脉不一样,你完全可以利用它创造更多的价值。有了人脉,你可能会有更大的发展,你的人生也会因为认识了越来越多的人而变得更加广阔。

每个人身上都有优点,如果身边的每一个人都能够将自己的优点利用在你的身上,那么你的力量将是无穷的。可是,生活中很多人并没有认识到这一点，他们紧紧地锁住自己，为的是能够全神贯注地拼搏。可是，他们不知道，当他们集中了精神只守着自己的那一小块田地的时候，已经失去了由人脉构建起来的更为广阔的沃土。

有一个美国女人叫凯丽，她出生于贫穷的波兰难民家庭，在贫民区长大。她只上过6年学，也就是只有小学文化程度。她从小就干杂工，命运十分坎坷。但是，她13岁时，看了《全美名人传记大成》后突发奇想，打算直接与名人交往。她的主要办法就是写信，每写一封信都要提出一两个让收信人感兴趣的具体问题。许多名人纷纷给她回信。此外，她还有另外一个办法，凡是有名人到她所在的城市来参加活动，她总要想办法与她所仰慕的名人见上一面，只说两三句话，不给对方更多的打扰。就这样，她认识了社会各界的许多名人。成年后，她有了自己的生意，因为认识很多名流，他们的光顾让她的店人气很旺。最后，她不仅成为富翁，还成了名人。

由此可见，你若想成功，就必须有很多人的支撑。任何一个只想依靠自己的实力获得发展的人，都将承受更大的压力，受更多的苦。所以，不要再仅仅执迷于自己的力量，从现在开始储备你的人脉吧。若干年以后，你就会发现，这些人脉为你的人生价值的提升，已经远远超过了储备黄金所创造出来的价值。

处处留心，像蜘蛛一样吐丝结网

寻觅机遇、开发机遇、创造机遇，离不开个人的综合素质，更离不开人脉，曾经有人说："一个人70%的机遇来自人脉。"不善于经营人脉的人，即使遇到了迎面走来的机遇，也常常会视而不见，与之擦肩而过。让我们来看看日本保险女王柴田和子的做法。

柴田和子出生在日本东京，从东京新宿高中毕业后，进入三洋商会株式会社就职，后因结婚辞职回家做了4年的家庭主妇。1970年，31岁的她进入日本著名保险公司第一生命株式会社新宿分社，开始了保险销售生涯，创造了一个又一个辉煌的保险行销业绩。

1978年，柴田和子首次登上"日本第一"的宝座，此后一直蝉联了16年日本保险销售冠军，成为"日本保险女王"。

1988年，她创造了世界寿险销售第一的业绩，并因此入选吉尼斯世界纪录，此后逐年刷新纪录。她的年度成绩能抵上800多名日本同行的年度销售总和。

既然是保险销售行业，肯定离不开客户的支持，柴田和子是如何利用人脉资源进行销售的呢？

第一是抓牢旧的人脉资源，认识新朋友。

柴田和子高中毕业就到三洋商会任职，直到结婚为止，其周边的人脉资源后来给了她极大的帮助。最初的人脉资源完全是以三洋商会为基础，后来的人脉资源是通过他们的介绍以及转介绍而来的。

柴田的母校新宿高中是一所著名的重点高中，它培养了大批优秀人才、社会中坚，其毕业生都在社会上有一定的地位，这些人也成为柴田和子极重要的人脉资源。

第二是有的放矢抓要害。

柴田和子认为有效率的做事方法，是将已经建立的人脉资源活用于企业集团之中。每个人都有亲戚、校友和乡亲，可以将这些人脉资源灵活运用于工作中。

前往企业行销团体保险，柴田和子是以企业的母集团为着眼点的，只要与某企业集团旗下的公司签下契约，该公司所属企业集团的人脉资源就可尽数囊括其中，可以迅速地扩大自己的市场。

人在职场中打拼，就如同侠客行走江湖。《射雕英雄传》中的黄药师独来独往，也照样需要朋友的帮助。我们不能随心所欲地选择命运，选择境遇，但是我们可以靠自己悉心经营的人脉来寻觅机遇、开发机遇、为自己创造机遇。

现在的社会，是一个交际的社会，一个人有了人脉，就拥有了开创新天地的本钱。不要抱着独自打天下的幻想，一个人的力量毕竟有限，众人的力量才可观。让朋友帮助你寻找机遇、发现机遇、创造机遇，并不代表你的能力不行；相反，这更说明你在经营人脉上做得非常出色，而经营人脉出色，也说明了你的工作能力超过常人。

蜘蛛结网是为了捕捉食物，同样，我们为了生存，也要像蜘蛛一样处处留心，坚持不懈，为自己编织一张无边的人际网。

（1）确立目标：把目标定成具体的人，更容易把自己的关系网联结起来。比如将在媒体上频频亮相的经济领域的人物树立为自己的职业偶像。将你的职业愿望用语言表达出来，然后确立你可以分步骤达到的中间目标。

（2）建立联系：每个活动都会为你提供扩大社交圈的机会。先思考一下，你希望认识哪些人，然后收集一些可以参与到与这些人的交谈中去的信息。尽量适应环境，因为如果你要求自己至少要和3个以上的人攀谈的话，就算是无聊地站在那里应酬也会令你感到紧张。

（3）告诉别人：不管你在做什么，只要你并不知道谁能够帮助你，就应该广泛"撒网"。将你的愿望告诉所有你碰巧遇到的人。这种口头广告肯定会让你受益匪浅。

（4）参加集会：除了正式的派对，还要积极参加各种集会。活动前、讲座休息时、午餐时或是在飞机候机室里，你都不要置身事外。你可以结交一些你的同事、领导以及你对面的人。8小时之外也可获取事业的成功。

（5）收集信息：仔细而且积极地倾听，通过提问你可以让谈话朝你希望的方向发展。为了你的现在和将来，为了你自己和他人，应该收集一些联系方式和值得了解的信息。

因此20几岁的年轻人要在平时的生活中多多注意，处处留心，做个有心人，随时准备拓展自己的人脉网。

平时"冷庙"烧香，急时才能抱佛脚

有些人做人往往过于功利，平时对人不冷不热，甚至还冷嘲热讽，有事时却像换了副脸孔似的，又是送礼，又是赔笑脸，显得特别热情，但这样的人做人往往很难成功，因为他只是把别人当作了利用的工具。聪明的人，其高明之处在于他们不仅注重给热庙烧香，而且也非常注意给冷庙的菩萨上香。

一般人都喜欢到香火旺盛的热庙去烧香，须知因为香客众多，菩萨反而不会在乎你的香火，你并不能引起菩萨的特别注意和关注，你的努力在很大程度上是白费了。

如果你到冷庙烧香，情况就大不一样了。因为冷庙平时门庭冷落，无人礼敬，你却很虔诚地去烧香，菩萨对你另眼相看是很自然的事情，认为你是他的知己，感情自然贴近。

即便你到冷庙烧一炷香，菩萨也会认为是天大人情，一旦有事，你去求他，他定会鼎力相助。菩萨如此，人情亦然。所以在人情上，绝不可顾此失彼，用时再抱佛脚就不灵了。

而要想真正做到冷庙烧香，用时有人帮，关键是要平时多给别人提供帮助，多给人一份关心。

在生活中善于体察别人的需要，时刻关心身边的人，帮助他们脱离困境，你也会得到相应的回报。

小柳在某企业做文员。一天中午，经理走进办公室，向办公室里的员工们问道："上午让你们打的那份文件在哪里？我找不到了。"当时正值吃午饭时间，没有人注意那份文件放在了哪里，因此谁也没有理睬他的话。这时，小柳想起那份文件是小王负责的，而她今天因生病下午请假了。于是小柳对经理说："这件事交给我去办吧，我会尽力找到，再送给您。"下午，当小柳把找好的文件送给经理时，经理非常高兴。后来小王知晓这件事后,也对小柳感激不尽。

一个月之后,恰逢公司进行了人事变动,小柳升迁了。事情是显而易见的,小柳的热心和办事利落获得了经理的赞赏。

生活中,无论做什么事情,无论遇到什么人,不妨灵活点,经常帮别人一把,别人也会牢记在心,当你有事时,那些你帮助过得人,自然对你报之以恩。

对人情的投资,最忌讳的是急功近利,因为这样就成了一种买卖。如果对方是有骨气之人,更会感到不高兴,即使勉强接受,也并不以为然。日后就算回报,也是得半斤还八两,没什么好处可言。

平时不联络,事到临头再抱佛脚也来不及了。人脉不只在建立,也要重视平时的经营,否则时间长了,人脉也会变成冷脉。

聪明的20几岁的年轻人,一定要注意多去"冷庙"烧香。平时多烧香,用时才灵光。但不是所有的"冷庙"都要去烧香,都可去烧香,要挑有发展潜力的"冷庙"去烧。

互换人脉,别让你的人脉透支

如果你有两个苹果,我有两个梨,彼此交换一个后,双方都有一个苹果和一个梨。同样,倘若你有一个非常好的人脉网,我也有一个非常好的人脉网,我们互相交换,那么,你有两个人脉网,我也有两个人脉网。因此,扩展人脉最有效的方法就是与你的朋友一起分享和交换人脉资源。

有这样一对父子，儿子是汽车推销员，父亲是保险推销员。

有一次，儿子向一位文化名人成功推销了一辆汽车。一个礼拜后，这位文化名人突然接到一个陌生电话："××先生您好，我是汤姆的父亲，感谢您一个礼拜前向汤姆买了一辆汽车，我今天打电话是想通知您，请您明天抽时间开车回车行进行检查。"这位父亲知道，但凡名人都很忙，一般不会随便接受别人的邀请。所以，父亲想借这位名人回车行的机会请他吃饭。

第二天，这位名人如约而至，检查车况后，这位父亲对他说："××先生，为感谢您的支持，已到午餐时间，我想请您一起坐一坐，我们可以顺便聊一聊如何更好地维护您的爱车。我想您不会拒绝一个做父亲的请求吧？"文化名人盛情难却，接受了邀请。

席间，这位父亲说："像您这么成功的人士，一定会非常注意生活的品质，一定需要一份完善的保障计划。您帮助了我儿子，您一定也会帮助我的，我这里有一份保险计划书，请您留意看一下。"这位文化名人面对对方的盛情，实难拒绝，不得不接过保单。

几天后，这位父亲不断地打电话和亲自拜访，终于签下了一份保单。同样，这位父亲的儿子也向父亲的保险客户推销汽车。这就是人脉资源交换的有效运作。

每个人的人脉关系网都是不一样的，你的人脉关系网中的每一个小点，都能为你带来一条人脉的线。这就如同数学的乘方，以这条主线来建立你的人脉关系网，速度是十分惊人的。

我们所拥有的人脉资源如同做生意，也是一种平等交换。我们跟朋友之间之所以可以维持互动关系，互换人脉，是因为我们各自都有可以提供给对方的东西，而且这种交换是不同价值的交换，我们通过交换可以弥补各自的需要，这对双方都是有意义的。

李津有一家自己的公司，在商界摸爬滚打了很多年，也算是交友广泛。但是由于公司经营项目的限制，他结交的都是一些和公司开发项目有关的人士，让李津发愁的是如何打通科技方面的人脉。

公司新研发了一个项目，但有一环节却苦于没有人脉而不得不搁浅。正当发愁之际，许总给他打来电话，让他帮忙请广告界的一位老总来参加自己举办的宴会，原来许总公司要推出一个新的品牌，需要广告界的支持。在宴会中许总也给他介绍了几位科技方面的人士，对他真可谓是雪中送炭。

当两个人交换一块钱时，每个人都只有一块钱，但当两个人交换人脉网时，他们将拥有更加丰富、更加完善的人脉网。哪怕你只认识几个人，你照样可以把人脉网扩大。因为，你可以通过朋友去认识朋友的朋友。

因此，20几岁的年轻人，学会与你的朋友共享人脉资源吧，到时你就会发现，当你们互相交换人脉时，你们各自可以拥有更加丰富、完善的人脉资源。

主动，成功赢得人脉的一半

20几岁的年轻人经常会遇到这样一种场面：在生日宴会上，几个好朋友聚在一起欢天喜地地玩玩闹闹，而旁边会有人只是一声不吭地吃着东西，没有加入到那些人的行列中。这样的人实际上是白白放弃了扩大自己交际面的好机会。聪明的人会主动争取和别人交流的机会，为自己开拓一个崭新的世界，促进自己的成功。

那么，怎样才能和对方进行良好的交流呢？有这样一句话："对方的态度是自己的镜子。"在日常的人际交往中，有时自己感觉"他好像很讨厌我"，其实这正是自己讨厌对方的征兆。对方察觉到你的态度后，两个人就会越来越讨厌彼此。在出现这种情况的时候，自己要主动与对方交流，主动敞开心扉。

"对方愿意接近我，我也愿意和他交谈""对方如果喜欢我，我也喜欢他"，如果用这种被动的姿态与人交往，那就很难建立起和谐友好的人际关系。要想使自己拥有和谐友好的人际关系，使自己每天的心情都轻松愉快，毋庸置疑，那就应该采取积极主动的态度与人交流。一切自卑的、畏首畏尾和犹豫不决的行为，都只能导致人格的萎缩和为人处世的失败。所以，拿破仑说进攻是"使你成为名将和了解战争艺术秘密的唯一方法"。

20几岁的年轻人在交际中也应如此，主动进攻，可以使人了解到社会人生所具有的意义，也可以说，寻常人生交际也是一场不流血的、平静温和的战争。因此，主动进攻不仅是一种行为风格，从思想上讲，更是一种谋略。

道理是这样，但很多20几岁的年轻人心里对主动交往有很多误解。比如，有的女孩会认为"先同别人打招呼，显得自己没有身份""我这样麻烦别人，人家肯定反感的""我又没有和他打过交道，他怎么会帮我的忙呢"等。其实，这些都是害人不浅的误解，没有任何可靠的事实能证明其正确性。但是，这些观念实实在在地阻碍着20几岁年轻人的人际交往，让他们失去了很多结识别人、发展友谊的好机会。

当你因为某种担心而不敢主动同别人交往时，最好去实践一下，用事实证明你的担心是多余的。不断地尝试，会积累你成功的经验，增强你的自信心，使你的人际关系状况越来越好。

在谈话中，如果控制话题的主动权，你的压力就会缓和下来。但是，要是在主动权落入他人手中，受制于人的情况下，谈话便不会像你希望的那样顺利进展。如果对方不怀好意，存心问些尖锐敏感的问题，你更是陷于一味挨打的局势了。此时，你也许会苦思如何回答问题，殊不知，这样正好中了对方的圈套。

其实，这时恰是你反击的时候。你无须正面回答对方的问题，相反可以提出相关的问题，反过去征询对方的意见。据说，善于社交的高手，大都擅长使用这种"转话法"，以确保掌握谈话时的主导权。

除了变被动为主动外，20几岁的年轻人在谈话时难免失言。有些年轻人失言的第一个反应往往就是慌乱，告诉自己"完蛋了"，瞬时热血直往脑门上冲，说话就更加语无伦次了。这种情况下，20几岁的年轻人千万不能慌，要变被动为主动，才不会堵死自己与对方交往的路。

拥有丰富多彩的人际关系是每一个20几岁的年轻人的需要。可是，现实生活中，很多人的这种需要都没有得到实现。他们总是慨叹世界上缺少真情，缺少帮助，缺少爱，那种强烈的孤独感困扰着他们，使他们痛苦不已。其实，很多年轻人之所以缺少朋友，仅仅是因为他们在人际交往中总是采取消极的、被动的退缩方式，总是期待友谊从天而降。这样，虽然他们生活在一个人来人往的工作场所，却仍然无法摆脱心灵上的寂寞。

20几岁的年轻人要知道，别人是没有理由无缘无故对我们感兴趣的。因此，如果想赢得别人的友情，与别人建立良好的人际关系，摆脱寂寞的折磨，就必须主动与他人交往。

让网络成为你打通人脉的最好方法

一个精通人脉投资的人应该"该出手时就出手"，将网络上的人脉通通装进自己的"口袋"。今天，我们已经彻底步入了一个信息化社会，其明显特征就是：网络渐渐成为影响当代人工作和生活的重要因素之一，它将人们的社交范围一下子扩大了很多。在这种环境下，人们对信息的意识，对开发和使用信息资源的重视程度越来越强。于是，人与人的联系方式也趋向于多样化，QQ（一种即时通信工具）、E-mail（电子邮件）、BBS（Bulletin Board System，电子布告栏系统）、微信等，应有尽有。这些沟通方式的诞生，打破了人们常规的交往模式，也极大限度地缩短了人与人之间的距离，使很多以前根本不可能的事通过网络都能够很快地得到实现。

网络时代的到来，为我们带来巨大便利的同时，也给我们带来了巨大商机，很多网络公司正是抓住了这一商机，应运而生。"时势造英雄"，至今已经伫立起百度、搜狐、阿里巴巴等靠网络起家的世界知名企业。而网络上的各种机遇，几乎全部都是附着于网络上的隐形人脉产生的。

那么，20几岁的年轻人应该怎样打通这条虚拟的人脉通道呢？以下几种方法值得试试。

1. 利用QQ、微信等简单普遍的聊天工具

说起聊天工具，我们再熟悉不过了，像QQ、微信等，都是人们熟悉的即时通信工具。利用这类工具，我们可以十分便捷地搜索到多数我们想结交的人。例如你想认识做IT的人，你就可以通过QQ分类查询，查找"IT精英"，于是成千上万这样的人便会出现在你的眼前。

这类通信工具简单实用，而且方法简捷，可以让你在短短的几秒内联系到在世界任意一个角落的人。

2. 让E-mail为我们的人脉保驾护航

电子邮件是一种利用电子手段提供信息交换的通信方式。随着网络的应用和普及，用笔写信的方式逐渐被E-mail所代替，E-mail是一种非常廉价而且快速的联系方式，几秒钟的时间就可以以丰富的表现形式将你想要表达的信息传送给世界上任何一个角落的用户。所以，当你在忙碌、无暇顾及众多的朋友时，不妨抽出几分钟的时间发几封电子邮件，既愉悦身心，还能为你们的友谊保驾护航。

3.BBS、博客、个人网站这些地方不可忽视

大家知道"BBS"指的是网上论坛，这里往往高手如云，藏龙卧虎。在论坛里混久了，你会发现很多惊喜。BBS就是这样的一个平台，它给分布在五湖四海的朋友们提供了一个无比畅快的沟通交往的机会，志同道合的人可以很迅捷地找到对方。

博客，也是当下比较流行的一种网络交流方式，你可以通过建立自己的博客，汇集大量志同道合的朋友；可以更容易地在网络这个大群体中找到对自己有利的人，对自己有利的信息和对自己有利的机会。通过博客这种物以类聚的生态方式，与现实进行互动，你会发现博客很像现实生活中的人际圈。

网站是指个人或团体因某种兴趣，拥有某种专业技术，提供某种服务或把自己的作品、商品展示销售而制作的具有独立空间域名的网络空间。在网站里你可以购买商品，出售自己的产品，与客户或朋友进行交谈，达到赢利，达到集聚人脉的特殊功效。

对于网络，20几岁的年轻人如若运用得好，便能广结人脉、财源滚滚，让自己一生受益无穷。

"个人英雄主义"不可取

我们每个人似乎都知道，在这个时代要独立地完成一件大事几乎是不可能的。然而现实中，真正做到与别人精诚合作的寥寥无几。或许是出于自负，又或许是出于自强，有的人总是固执地想以一个人的力量去做到，结果只能在困顿中艰难跋涉。

一个和谐的优秀团队中会出现互帮互助的情况，然而团队合作本身，算不上是什么美德，而是一种战略选择。因为一个精诚合作的团队是强大有力的，远远胜过于个人的单打独斗，这几乎也是所有人的共识。因此，在竞争异常激烈的当今社会，很多企业择人的重要指标之一就是是否具有合作精神。

有一家著名的公司招聘市场业务人员，有12名优秀应聘者过关斩将从众多应聘者中脱颖而出。经理看过这12个人的详细资料和初试成绩后，相当满意，但此次招聘只能录取4个人。所以最后又加了一个测试：经理把这12个人随机分成甲、乙、丙3个组，指定甲组的4个人去调查本市婴儿用品市场，乙组的4个人调查妇女用品市场，丙组的4个人调查老年人用品市场。经理解释说："为避免大家盲目开展调查，我已经叫秘书准备了一份相关行业的资料，走的时候自己到秘书那里去取！"

12个人、3个小组，按照经理的要求，分别采取行动。到了规定日期，12个人都把自己的市场分析报告送到了经理那里。经理看完后，站起身来，走向丙组的4个人，向他们祝贺道："恭喜4位，你们已经被本公司录取了！"众人有些迷惑，包括被录取的4个人。经理看着大家疑惑的表情，呵呵一笑，说："请大家打开我叫秘书给你们的资料，互相看看。"

原来，每个人得到的资料都不一样，甲组的4个人得到的分别是本市婴儿用品市场过去、现在、将来和总结性的分析，其他两组的也类似。经理说："丙组的4个人很聪明，互相借用了对方的资料，补全了自己的分析报告。而甲、乙两组的应聘者都分别行事，抛开队友，自己做自己的。我出这样一个题目，其实最主要的目的，是想看看大家的分工协作意识。甲、乙两组失败的原因在于，他们没有分工合作，忽视了队友的存在！"

我们需要合作，团队合作的力量是巨大的。我们提倡合作精神，但并不反对"英雄主义"，团队合作与"英雄主义"并不矛盾。任何时代都呼唤英雄，呼唤能为了完成重大意义的任务而表现出英勇、顽强和不怕牺牲精神的英雄。团队合作也会遭遇举步维艰的境地，这时候也需要英雄出来拯救自己的团队。

在南极和北极，太阳一旦落下去，等它再升起来就需要至少好几个月的时间，这被称为极夜。一次，一支探险队没来得及在太阳落下之前离开南极，他们就被留在了无边的黑暗中。虽说有足够的食物与生活必需品，可整整好几个月，这儿将只有黑夜没有白昼，冰天雪地，生灵绝迹，与世隔绝，与光明隔绝。人，能挨得过去吗？

寂寞与枯燥终于让他们难以忍受，他们觉得自己都快发疯了。这时，真的就有一个人发疯了。他那抑郁的状态十分可怕，不吃不睡，整个人像南极的冰原一样被封冻、死寂。然后，无声地吞噬着周围的一切……

大家着急地围着劝慰他，你一言我一语。忽然发现，只要有人对他讲话，他的症状就会缓解一些，要是有人讲起一个好听的故事，他的表情就明显地生动起来。于是规定，每天有一个人，轮流为病人讲故事。

为了帮助同伴摆脱困厄，每个人都发挥了自己最大的想象力、创造力。那些故事非常精彩，而且，总是异想天开。接下去的事情就很容易想象了。在那么多美丽故事的治疗下，病人逐渐好转，他们终于相互搀扶着，熬过了漫漫极夜。

后来大家才发现，"发疯的"探险队员其实不是病人，他是一个医生。医生害怕大家熬不过去，决定自己想个办法。他就策划了一个"发疯"的表演，让大家在安慰别人时忽略自己所受的精神折磨。这是一个医生在尽自己的职责。

并不是所有的英雄都叱咤风云，只要认认真真做好本职工作，奉献自己的力量、发挥"螺丝钉精神"的人，同样也是英雄。这种英雄主义是以团队为基础的，如果放弃整个团队，就容易形成独断自我的毛病，转变成"个人英雄主义"。他们过分夸大个人的作用而贬低和忽视团队的力量和智慧，这样往往损害整个团队的利益。

单丝不成线，独木不成林

当今时代要具备合作精神。通用电气公司前 CEO 杰克·韦尔奇曾说："在一个公司或一个办公室里，几乎没有一件工作是个人能独立完成的，大多数人只是在高度分工中担任部分工作。只有依靠部门中全体员工的互相合作、互补不足，工作才能顺利进行，才能成就一番事业。"一个人只能取得小成功，而一个优秀团队的成功才是大成功。

合作不是简单的一加一等于二，如果人们能精诚协作，其产生的能量远远大于单个力量的总和。"二战"期间一次惊心动魄的"大逃亡"，可谓是协作的完美典范，此次活动时间之长、任务之艰巨、涉及范围之广，令人难以想象。

在德国柏林东南部有一座德国战俘营。为了逃脱纳粹的魔爪，被关在战俘营的250多名战俘准备越狱。在纳粹的严密控制之下，实施越狱计划几乎没有可能。但事实证明，这250多名战俘最大限度地精诚协作，从而成功逃脱。

在开始计划之前，他们明确地进行了分工。这是一件非常复杂的工程，首先要挖掘地道，而挖掘地道和隐藏地道则是极为困难的。战俘们一起设计地道，动工挖土，拆下床板木条支撑地道。处理新鲜泥土的方式更令人惊叹，他们用自制的风箱给地道通风吹干泥土。修建了在坑道运土的轨道，制作了手推车，在狭窄的坑道里铺上了照明电线。完成这些，他们所需的工具和材料之多令人难以置信，3000张床板、1250根木条、2100个篮子、71张长桌子、3180把刀、60把铁锹、700米绳子、2000米电线，还有许多其他的东西。为了寻找和搞到这些东西，他们费尽心思。除了这些工具，每个人还需要普通的衣服、纳粹通行证和身份证，以及地图、指南针和食品等一切可以用得上的东西。担任此项任务的战俘不断弄来任何可能有用的东西，其他人则有步骤、坚持不懈地贿赂甚至讹诈看守以得到东西。

250多名战俘每个人都有各自的分工，做裁缝、做铁匠、当扒手、伪造证件，他们月复一月地秘密工作，甚至组织了一些掩护队，以吸引德国哨兵的注意力。此外，他们还要负责"安全问题"，德国人雇用了许多秘密看守，混入战俘营，专门防止越狱，"安全"队监视每个秘密看守，一有看守接近，就悄悄地发信号给其他战俘、岗哨和工程队队员。这一切工作，由于众人的密切协作，在一年多的时间内竟然躲过了纳粹的严密监视，令人不可思议的是，他们成功地完成了这一切。

这250多名战俘是"能者尽其劳，智者尽其忧"，分工合作，将团队精神发挥到了极致，所迸发的力量巨大惊人。许多伟大而艰巨的任务，都是整个团体成员协作产生的成果。如此多的人在如此艰苦的条件下越狱，若是不能团结协作，是根本不可能的事。可见，认识到团队协作的力量是多么重要。

20世纪60年代中期，日本创造了经济腾飞的奇迹，一跃而成为世界经济大国，竞争力也跃居世界前列，为世界瞩目。但其实日本的本土条件并不是非常好，一来国土狭小，二来物质资源也不丰富，能在短短的二三十年间就跻身世界第二大经济强国，着实让人觉得不可思议。为探求日本经济迅速提升的秘密，以美国为首的西方国家对日本企业展开了深入的研究。结果发现，如果以日本最优秀的员工与欧美最优秀的员工进行一比一的对抗赛，日本的员工多半比不上欧美的员工；但如果以班组和部门为单位进行比赛，日本总是会占上风。原因在于，欧美企业是由少数人来主导的，工作由上级以命令的形式发布。

在个人主义盛行、鼓励个人奋斗的欧美社会，组织内经常会发生内耗，无法形成真正的团队竞争力。而在日本的企业中，员工有着强烈的归属感，故而工作勤奋认真，全身心地都投入企业中，而企业则能充分发挥全体员工的智慧，注意调动每一位员工的能动性，培养协作精神，使员工结成坚强的团队，从而产生了巨大的竞争力。这一结果表明，团队能够使公司生产水平和利润增加，使公共部门的任务完成得更彻底、更有效率。这也就是团队盛行的原因所在。于是，他们得出一个结论：日本企业竞争力强大的根源，不在于其员工个人能力的卓越，而在于其员工"团队合力"的强大，其中起关键作用的就是那种无处不在的团队精神。

因为性格、学识、阅历等各方面的限制，都很难独立做成一件创造性的工作；没有团队精神的人在一起只会不利于甚至抑制各自优点的发挥。而良好的团队精神能将众人的长处集于一处，达到的效果自然比单打独斗和一群不会合作的人要好。

"单丝不成线，独木不成林"，一个人的能力是非常有限的，在这个竞争激烈的时代，仅凭一己之力是很难取得很大的成功的。我们通过与别人的合作，除了发挥各自的优势之外，还能因彼此思想的碰撞产生创造力的火花。

一个人靠一种精神力量生存和发展，因为他的理念决定他的生存状态。一项事业也是如此，如果无数人的个人精神融会成一种共同的团队精神，那么辉煌的事业就会从此开始。

第六章
今天一分自恋，明天十分自厌

有的年轻人有几分才华，恃才傲物，不把周围的人放在眼里；有的年轻人喜欢炫耀，处处觉得自己高人一等。这些人共同的问题是太自恋。古人云：木秀于林，风必摧之；行高于人，众必非之。为人处世过于张扬和显露，不仅显出自己的无知和浅薄，也在不知不觉间伤害了他人的尊严，会招致他人的嫉恨、诋毁和攻击，使自己的事业和人生陷入困境。

把自己看轻些

我们每个人都很平常、很平凡,千万别太把自己当回事。如果认为自己比别人大一点点,这个字就念"臭"了。我们要永远记住:谨慎没有过头,谦虚没有界限。

有一位青年,平时留着小胡子,有一天,他忽然把小胡子剃掉了。他想:其他人肯定会感到很惊讶,并且会夸赞我比以前清爽多了。第二天,他以为人家会对他剃掉胡子的行为发表意见,可是大家匆匆跟他打过招呼后,都急急忙忙地去做事了。一直等到快下班的时候,还是没有一个人对他的改变作出任何评价。最后,他终于忍不住了,主动对一个同事说:"你觉得我今天跟以前有什么不同吗?"同事愣了一下,将他上下打量了一番,说:"没什么不同啊。"另外两个同事回过头来,看了他良久,终于有一个人看出来了:"哦,好像你以前留着胡子,今天胡子没了,对不对?"

一些年轻人总以为自己很重要,总认为别人都在关注着自己,因此做什么事情都显得十分刻意,有时是害怕别人评头论足,有时是希望引起他人注意。其实很多时候,这些人都是在自作多情,因为大家都有自己的工作,大家都有自己的生活,对于与自己无关的东西,没有多少人会去过多地关注。因此,千万不要把自己太当回事,不然你会很失望的。

在一个艺术家作品展览会上,《爱丽丝·亚当斯》的作者布思·塔金顿应邀出席。其间,两个可爱的十六七岁的女孩虔诚地向他索要签名。他问:"我没有带自来水笔,用铅笔可以吗?"其实他知道不会被拒绝,只是想表现一下谦和对待普通读者的大家风范。

女孩们果然爽快地答应了。一个女孩将非常精致的笔记本递给他,他潇洒自如地签上了名字。女孩看过签名后,眉头皱了起来,仔细问道:"你不是查波斯啊?"他非常自负地回答:"不是,我是布思·塔金顿,《爱丽丝·亚当斯》的作者。"小女孩将头转向另一位女孩,耸耸肩说道:"玛丽,把你的橡皮借给我用用。"

那一刻,这位作家所有的自负和骄傲瞬间化为泡影。从此以后,他时时刻刻告诫自己:无论多么出色,都别太把自己当回事。

有位县长到本城小店理发,坐了一会儿,问理发师:"知道我是谁吗?""不知道。"理发师答。"知道我叫什么名字吗?""不知道。""知道我是县长吗?""不知道。"理发师接着说,"你是来理发的,我是给你理发的,这不就够了吗?"县长再不发一言。

人生在世,都希望自己能够活得体面有滋味,总愿意人家在乎和尊重自己。

然而,为人要脸面,却不可拿自己太当回事;为官或出名的人物,尤其不宜过于看重自己。如果以为"老子天下第一""舍我其谁",就会盛气凌人、独断专行,结果不是脱离群众,就是走向人民群众的反面。说透了,任何人都没有什么了不起的。

曾任泰国总理的川·立派有一位勤劳的母亲,老人闲不住,在儿子当了总理之后,还在曼谷的一家市场内摆摊卖虾仁豆腐、豆饼、面饼。有记者采访她,问她为什么还干这个,她说:"儿子当了总理,那是儿子有出息,与我摆摊并没有什么矛盾。"她面对记者表示:"我其实没做什么,只不过在他小的时候就教导他做人必须诚实、勤劳和谦虚。"

别拿自己太当回事,并不是不要人格、品行和责任。在待人上的"当回事"与"不当回事"也是有区别的。就是对待自己不要太当回事,而对待他人则要真当回事。对自己不当回事,体现做人的谦虚谨慎、不骄不躁;对他人真当回事,反映待人的团结友爱、诚实守信。无论达官贵人、先哲圣贤,还是平民百姓,都应鉴戒。

不要太高估自己

不少年轻人刚开始工作时,对自己的期望值很高。在他们看来,自己是"人才",因此,在工作中应当受到重用,应当得到丰厚的报酬。但是,抱有这样观点的人往往会在现实中碰壁。

名牌大学毕业的王超,在校园里是一个风云人物。在大学里,他是系学生会主席,曾多次组织过大型校内校外的活动,并利用假期,参加过许多社会活动。他自认为有很强的组织能力和领导才能。

但就在他应聘第一家公司的时候,就碰了壁。这是一家大跨国公司,他面试的时候,就把他自己在大学里的成绩以及对自己的评价以一种非常自信的姿态说了出来,希望先声夺人,给对方留下一个好的印象。

但招聘人员却淡淡地问他:"如果我安排你去我们的机修车间干一段时间,你接受吗?"

王超认为他们在试探他,便说:"我的目标不是做机修工,但我会努力去做到最好,直到你们满意。"

招聘人员微微点头:"好,你到公司培训过后,就去机修车间。"

王超没想到对方真让自己去机修车间,他有点急了:"但是我觉得这样的工作不需要像我这样的人才去做,这是人才浪费!我完全可以做比机修工更重要的工作。"

对方说:"在我们公司,没有一份工作不重要,也没有更重要的工作,只有重要的工作。我问你一个问题,在我们公司所生产的产品中,你熟悉哪一种产品?"王超哑口无言。

招聘人员客气地对他说:"欢迎你参加我们公司的下一次招聘。请下一位进来!"

像王超这样的例子实在太多了,他们都是"嫌弃"工作而找不到就业门路的大学生,他们好高骛远,不讲实际,这导致了他们"失业"的结果。

事实上,刚进入社会的年轻人没有经验,又对社会不够了解,所以,是不可能被委以重任的,他们也没有这个能力。他们需要在工作中一步步地磨炼,逐渐成熟,然后才可能得到他们想要的结果。

林韬是一名毕业于某师范大学的本科生,如今他是浙江某建筑公司的一名经理。在外人看来,像林韬这样毕业于师范院校的大学生,应该去做老师才对,当建筑工人和他的身份不匹配。

原来,在大学里学物理专业的林韬,毕业后由于所学专业比较冷门,辗转于人才市场一个多月也没找到合适的工作。后来,他和同学跑到浙江省,想在那里闯一闯,当他听说某建筑公司招工人的时候,他决定放低姿态,先从工人干起,虽然工作在基层很辛苦,但通过自己的努力,在短短的两年时间里,他从钢筋工人做到了管理层,当上了经理。

回首这一路走来的历程,林韬感慨地说道:"不管从事什么行业,只要不过高估计自己,放低姿态,努力了就会有回报。"

在这个社会,越来越多的年轻人自命不凡,他们心态浮躁,不肯从最基层做起,迫切地想用一些实际的东西来证明自己的能力。他们认为自己是硕士、是博士,自然比那些专科、本科生的起点要高。所以,他们的姿态永远都是高扬的,对那些平凡的岗位之类的角色丝毫没有兴趣,他们认为自己应该找一份和自己能力"匹配"的工作。但是结果又常常不如人愿,你比别人强,还有比你更强的,还不如放低姿态,从基层做起。

有一位博士毕业的高才生,在碰了无数次的壁之后,决定换一种方法找工作。他收起所有的学位证明,自降身份,去找一份工作。很容易地,他进入了一家电脑公司,做一名最基层的程序录入员。没过多久，上司就发现他才华出众，竟然能指出程序中的错误。这个时候他把自己的本科学位证书拿出来了，于是上司就给他调换了一个与本科生水平差不多的工作。没有多久，他在新的岗位上也游刃有余，远比一般大学生高明，这时博士亮出了自己的硕士身份，老板又提升了他。从此以后，老板就开始注意他了，发现他应付现在的工作仍然绰绰有余，于是就再次找他谈话。这时博士拿出博士学位证明，并说明了自己这样做的原因，老板这才明白怎么回事，更对他的低调和谦虚赞不绝口。理所当然地，博士在这个公司里受到了重用。

可见，学会在适当的时候，保持适当的低姿态，绝不是懦弱的表现，而是一种智慧。放低姿态既是一种态度也是一种作为，学习谦恭，学习礼让，学习盘旋着上升，这既是人生的一种品位，也是一种境界，同时能让我们脚踏实地地攀上成功的阶梯。

即便你是天才，也应该保持谦逊

曾经一位学者这样说道："当我以为自己什么都懂的时候，学校颁给了我学士学位；当我觉得自己一知半解的时候，学校颁给了我硕士学位；当我发现自己竟是如此孤陋寡闻的时候，学校颁给了我博士学位。"

这位学者的话揭示了一个这样的道理：当人越谦卑的时候，越会发现自己有所不足，就越会懂得放下身架虚心求教，这样所学到的东西也就越多。这位学者所分享的话与我们平时所说的"越熟的麦子头垂得越低"有着异曲同工之妙。意思就是说，当一个人越懂得谦卑的时候，不单本身能够获益更多，同时也更能让人发自内心地钦佩、敬重他。

古希腊著名哲学家苏格拉底讲过："就我来说，我所知道的一切，就是我什么也不知道。"他以最简洁的形式表达了进一步开阔视野的理想姿态。可以说，至今仍有很多人信奉苏格拉底这句名言。无论你多么伟大，无论你多么有才能，你也有不知道的地方，说不知道并不是就意味着你的无能，反而当你在勇敢承认的同时还能获得更多的称赞。

有一位学问高深、年近八旬的老妇人，她原是大学教授，会讲五种语言，读书很多，语汇丰富，记忆过人，而且还经常旅行，可以称得上是见多识广。然而，从未有人听到过她卖弄自己的学识或对自己不了解的事情假称通晓。遇到疑难时，她从不回避说"我不知道"，也不用自己的知识去搪塞，而是建议去查阅有关专著、资料，以作参考。看到老人的这一切，每个跟她接触的人真正懂得了怎样才能被别人敬重，怎样才能获得做人的最好的尊严。

著名的心理学家邦雅曼·埃维特曾指出，平时动不动就说"我知道"的人，头脑迟钝，易受约束，不善同他人交往。迅速和现成的回答，表现的是一种一成不变的老套思想，而敢于说"我不知道"所显示的则是富有想象力和创造性。埃维特还说，如果我们承认对这个或那个问题也需要思索或老实地承认自己的无知，那么我们自己的生活方式就会大大地改善。

从事任何一种职业的聪明人,都有勇气承认"没有人知道一切事情"这个事实。承认自己不知道无损于他们的自尊。对于他们来说,"不知道"是一种动力,并不是说出来就大失面子的话语,因为自己的"不知道",反而会促使他们去进一步了解情况,求得更多的知识。

在柯金斯担任福特汽车公司经理时,有一天晚上,公司里因有十分紧急的事,要发通告信给所有的营业处,所以需要全体职工协助。当柯金斯安排一个做书记员的下属去帮忙套信封时,那个年轻职员傲慢地说:"那有损我的身份,我不干!我到公司里来不是做套信封工作的。"

听了这话,柯金斯一下就愤怒了,但他平静地说:"既然做这件事是对你的污辱,那就请你另谋高就吧!"

于是那个青年一怒之下就离开了福特公司。他跑了很多地方,换了好几份工作都觉得很不满意,他终于知道了自己的过错。于是又找到柯金斯,诚挚地说:"我在外面经历了许多事情,经历得越多,越觉得我那天的行为错了。因此,我想回到这里工作,你还肯摒弃前嫌,任用我吗?""当然可以,"柯金斯说,"因为你现在已经能听取别人的建议了。"

再次进入福特公司后,那个青年变成了一个很谦逊的人,不再因取得了成绩而骄傲自满,并且经常虚心地向别人请教问题。最后他成为一个很有名的大富翁。

一个年轻人，无论他多么有才华和能力，如果他不能谦逊待人，也会遭到他人的唾弃。对于外界的排斥，尽管有些人外表会表现得桀骜不驯、满不在乎，但是这种人心底深处还是会隐隐存在着一种被认同的渴求。因为有才华和能力的人，多多少少会有些自恋，既然自恋，就会去寻求认同，这是人性里无法挣脱的一点。

这个世界从来不缺乏有才华和能力的人，缺乏的是有才华同时又能保持一个谦逊的君子之心的人。

"架子"越大，身份越低

真正的大人物，属于那种成就了不平凡的事业，却仍然和平凡人一样生活着的人。他们从来都是虚怀若谷的，他们不会觉得自己才高八斗、学富五车，他们从来不会见人便喋喋不休地诉说自己不被重用的"遭遇"和"不幸"，他们从不埋怨自己的上司是"妒贤嫉能之辈"，从不痛恨自己的同仁是"居心叵测之人"，他们只是"不以物喜，不以己悲"地去干着自己分内的事情。

自以为是的年轻人头脑容易发热，他们往往充满梦想，只相信自己是正确的，从来不接受别人的意见和劝告，认为采纳了别人的意见就等于认输了，其实这些人是典型的外强中干，他们的固执恰恰证明了他们骨子里的自卑，正因为心虚，所以才不愿服输。

其实有内涵、有魄力的人，不一定永远站在智慧的最高峰。忘记曾经的成功、曾经的辉煌，正视现实，不盲目蛮干，这样的人即便退居幕后，我们给予他们的仍然是掌声和鲜花。

士光敏夫是日本著名的经营学家。1964年，68岁高龄的土光敏夫就任东芝董事长，他经常不带秘书，独自一人巡视工厂，遍访东芝散设在日本各地的30多家企业。身为一家公司的董事长，亲自步行到工厂已经非同小可，更妙的是他常常提着一升瓶装的日本清酒去慰问员工，跟他们共饮。这让员工们大吃一惊，有点不知所措，又有点受宠若惊的感觉。没有人会想到一位大公司的董事长，居然会亲自提着笨重的清酒来跟他们一起喝。因此工人都称赞他为"捏着酒瓶子的大老板"。

士光敏夫平易近人的低姿态使他和职工建立了深厚的感情。即使是星期天，他也会到工厂转转，与保卫人员和值班人员亲切交谈。他曾经说过："我非常喜欢和我的职工交往，无论哪种人，我都喜欢和他交谈，因为从中我可以听到许多创造性的语言，获得巨大收益。"

的确，通过对基层群众的直接调查，不仅获得了宝贵的第一手资料，而且弄清了企业的不足，还获得了很有价值的建议，更重要的是赢得了员工的好感和信任。

美国前总统华盛顿也是靠着他那平易近人的领导风格赢得了千万美国人的尊重和拥戴的。有一天，他穿着一件过膝的普通大衣一个人走出了军营，他的低调没有让所有遇到他的人认出来。

他走到了一条街道旁边，看到一个下士正领着几位士兵垒街。那位下士双手插在衣袋里，站在旁边，对抬着水泥块的士兵们发号施令。尽管下士喊破了喉咙，士兵们经过多次努力，还是不能把石头放到预定的位置上。

大家的力气被耗尽了，那块难缠的石头眼看着就要滚下来了。在这关键的时刻，华盛顿疾步上前，用他的臂膀顶住石块。终于，那块石头被放到了位置上。士兵们拥抱华盛顿，向他表示感谢。

华盛顿转身向那个下士问道："刚才你为什么不帮一帮大家呢？""你是在质问我吗？难道你看不出我是下士吗？"那下士背着双手，霸气十足，不可一世。华盛顿笑了笑，然后就不慌不忙地解开自己的大衣纽扣，露出自己的军服，说："按衣服看，我就是上将。不过，下次再抬重东西时，你也可以叫上我。"那个下士这时才知道发生了什么事情，顿时羞愧难当。

生活中，爱摆"臭架子"的人一点儿也不少见，哪怕只是当了个芝麻大的官，手下只有可怜的一个"兵"，也要把官腔打足，官架子摆足，无论是说话、走路、办事，都是装腔作势，有意显得威风、高贵、了不起的样子。

爱摆架子的人喜欢指点江山，挥斥方遒，居高自傲，从不把别人放在眼里。他们不知道，"臭架子"摆得越大，在别人心目中其身份和地位越低。因为究竟能不能当好官儿，不在于"官架子"端得大不大，而在于是否具有人品、能力、水平和亲和力，是否得到了下属的认可，能不能得到他们真正的信服和敬仰。

一位为官光明磊落、深受群众爱戴的领导干部这样说："为官不要自觉高人三等，而应自觉低人三等。"所以身份和地位越高的人，越知道要把自己的姿态放低，只有这样才能赢得追随者的敬重和信赖。

不要随意张扬个性

很多人都认为个性很重要，特别是年轻人，他们最喜欢谈的就是张扬个性。他们最喜欢引用的格言是：走自己的路，让别人去说吧！时下的种种媒体，包括图书、杂志、电视等也都在宣扬个性的重要性。我们可以看到许多名人都有非常突出的个性。爱因斯坦在日常生活中非常不拘小节，巴顿将军性格极其粗野，画家凡·高是一个缺少理性、充满了艺术妄想的人。

名人因为有突出的成就，所以他们许多怪异的行为往往会被广为宣传，有些人甚至产生这样的错觉：怪异的行为正是名人和天才人物的标志，是其成功的秘诀。我们只要分析一下，就会发现这种想法是十分荒谬的。

4年前，刘冰毕业于中国一所名校的计算机系，那时，他是一个追求独特个性，充满了抱负和野心的年轻人。他崇拜比尔·盖茨和斯蒂文·乔布斯这两个电脑奇才，追随他们不拘一格的休闲穿衣风格，他相信"人真正的才能不在外表，而在大脑"。对那些为了寻求工作而努力装扮自己的人，他嗤之以鼻。他不仅穿着牛仔裤、T恤，还穿上了一双早已落伍的旧时期的鸭舌口黑布鞋，他认为自己独特的抗拒潮流又充满叛逆性格的装束，正反映了自己有独特创造性的思想和才能。

一次，他穿着自己那套"潇洒"的"盖茨"服，外加上"性格宣言"的黑布鞋去面试。在他进入面试的会议室时，看到有五六个人，全部是西服正装。他们看起来不但精明强干，而且气势压人。他那不修边幅的休闲装，显得如此与众不同，格格不入，巨大的压力和相形见绌的感觉使他"恨不能找个地缝钻进去"。他没有勇气再进行下去，终于放弃了面试的机会。他说："我的自信和狂妄一时间全都消失了。我明白了一个道理，我还不是比尔·盖茨。"

名人确实有突出的个性，但他们的这种个性往往表现在才华和能力之中。正是他们的成就和才华，使他们特殊的个性得到了社会的肯定。如果是一般人，一个没有多少本领的人，他们的那些特殊行为可能只会受到别人的嘲笑。

如今，职场上追求个性的人越来越多，那些才华出众的人，尤其喜欢张扬自我，不愿放弃自己的主张与见解，错了都不肯低头。如此鲜明的个性，让人无法接受，对自己的发展也相当不利。

盲目追求个性的人都有一种想搞特殊行为，显示与众不同的想法。在实际生活工作中不难看到这样的现象，有人对一些不听指挥、顶撞上级或身陷困境仍然执迷不悟的顽固分子，称赞其"有个性"。也有人为了展示自己独特的个性，死死坚持自己错误观点不改正或是做一些意想不到的事。他们最终的目的，也仅仅是显示自己的与众不同。

我们说推崇个性，但不等于不要尺度。如果时时、处处、事事都特立独行，脱离群体，在世人的眼中便是只"怪物"。如果连群体都不能容纳你，连最起码的交流和生活都成问题，那根本就没有成功的可能。

因此，当我们张扬个性的时候，必须考虑到我们张扬的是什么，必须注意到别人的接受程度。如果你的这种个性是一种非常明显的缺点，你最好的选择还是把它改掉，而不是去张扬它。

社会需要的是生产型的个性，只有你的个性能融合到创造性的才华和能力之中，你的个性才能够被社会接受，如果你的个性没有表现成为一种才能，仅仅表现成为一种脾气，它往往只能给你带来不好的结果。

在生活中，随意张扬个性，常常给自己带来不必要的麻烦，甚至会让自己吃亏。所以，我们最好还是聪明一些，尽可能与周围的人协调一些，这才是智慧的表现。

别人不会像家人一样迁就你

20几岁的年轻人大都是"80后"。"80后"是彰显个性的一代，也是最为任性的一代。由于出生在特殊的时代背景，不论男孩还是女孩，"80后"都有任性的特点。因为多数"80后"都是独生子女，有的父母还不在身旁，由爷爷奶奶一辈的老人们来照顾。这使他们在家里受到了过多的娇惯、溺爱和迁就，天长日久，就养成了任性的性格。这种现象在社会上非常普遍，慢慢地，便形成了这代人的总体性格特征，同时，这个特征也间接地导致了部分"80后"的做事能力差，做错了还奢望别人迁就自己，原谅自己。如果不被原谅，要么赌气不做，要么辞职不干。

大学毕业后,小高就顺利进入了一家外企在广州设立的办事处。工作并不太忙,公司还派送她去学习报关和相关物流培训班充电。不菲的薪水,较大的发展空间,令很多同学羡慕不已。小高渐渐骄傲起来,对销售人员乃至部门经理安排的事情,要么是有选择性地做,要么就忘在脑后,态度甚至有点傲慢。好在总经理以"男士要有绅士风度,不要跟女孩子计较"为由,让男同事礼让小高几分。

一年前,小高和几个同事一起去参加北京的展会,开展当天,由小高负责的好几个文档都遗留在家,忘记拿了,几个同事不满说了她几句。回广州后,小高竟赌气递上辞呈,总经理为稳定团队,挽留了她,小高因赢得"胜利"而得意扬扬。可没承想此后,递辞呈成了小高的"撒手锏",一有不如意就赌气辞职。后来,总经理终于在辞职信上签名准许,看着弄假成真,小高叫苦不迭。"我知道很难再有上司像总经理那么宽容,是我自己没有珍惜机会,我的任性,对于总经理的宽容大度来说,也是一种伤害和辜负。"小高现在后悔莫及。

人这一生,除了家人以外,任何人都没有义务迁就你。家人的迁就,那是包含着深情的,是一种宽容,是一种无私的爱,哪怕你做得再不对,他们也会原谅和包容你。只因为这是一种亲情,而这亲情的存在让他们不计一切地迁就你。

当然,生活中还有一些人会迁就你,那就是对你有所图的人。如果你在一定的位置上,有一定的权力,就会有人迁就你,但那也只是暂时的。

有一位年轻的名牌大学的毕业生,在领导面前是红人。身边的人天天都围着他转,指望着他能帮忙在领导面前说几句好话,而他也习惯于依赖别人,工作上出差错,平时上班迟到,除了领导也没人敢说他,一直迁就他。后来,换了领导,他不再受重用,如昨日的黄花一样被晾在一边,而那些昔日围着他转的人也对他冷淡下来。一次,他又一次迟到了,单位里管考勤的人毫不留情地给他记了迟到,而这在以前是没有的事。他一下子感觉到很委屈,失意到了极点,最后终于辞职不干了。

年轻人在社会上行走,一定要认清生活的实质,不要过多地寄希望于别人迁就你。要一切靠自己,尽心尽力地做好每件事,把握好自己的一切,这样自己也不会受到伤害。

少一分书生意气,多一分入世心态

北宋大文豪苏东坡曾自嘲"一肚子不合时宜",意即自己的书生气太重。所谓书生气,就是指一个人过于认真,再带一点点天真。由于儒家的入世思想在我国根深蒂固,讲究经世致用、八面玲珑,书生气不合时宜似乎是几千年来的定论。

一定程度上,有书生气的人都是性情中人,他们不会装腔作势,装模作样,只做自己感兴趣的事。他们对兴趣的偏好没有太多的目的性,有感而发,倾情而动,全凭兴致,不顾后果。

书生气在表现形式上有多种多样,具体表现有不入流、迂腐不化、固执己见、不懂世故、虚多实少等，有的还被时下讥为书呆子、傻子。其实，有书生气并不完全是坏事，我们每个人刚刚踏入社会的时候，都多多少少会有一些书生气，是社会这个巨大的砂轮磨光了我们的棱角，使我们不得不在现实面前学会改变自己。一般来说，有书生气的人都是理想主义者，当现实无法实现自己的愿望时，他们大都会借助理想去表达自己的感怀，一展自己的抱负，他们不希望自己在现实面前完全被吞没。但书生气又不宜太过，过了，就会与现实发生碰撞，如果不会处理这一矛盾，就难免不会被撞得头破血流。

如果在校园中，你的书生意气重些无所谓，不会对你的学业造成影响。但进入社会后，就要想办法让自己成熟起来，要是还保持书生意气，不能尽快入世，势必对自己的发展不利。那么，怎样才能让自己成为一个成熟的人呢？

1. 不斤斤计较

成熟的人不斤斤计较，不贪图小便宜，不在乎吃点小亏，不喋喋不休地抱怨这抱怨那。他们的眼光从不被琐碎事务绊住，对于人与人之间的小矛盾，他们经常是大事化小，小事化了。

2. 重视诺言

成熟的人绝对不会出尔反尔，他对自己的每个承诺都相当重视，在许愿之前周密考虑，自己的话是否真能兑现，如不能兑现的话他决不说，言出必践。他的每一句话都让你觉得放心、可信任。满嘴跑火车、乱放空炮、迟迟拿不出行动的人，与成熟不沾边。

3. 不夸夸其谈

成熟的人从不随随便便高谈阔论，他会保持适当的沉默，说话声音清晰但不乱嚷。随便喝点酒就把自己的小经历、小故事拿来满桌子大讲,不用喇叭满屋人就都能听见的人,最多博听众一笑,谁也不会把他那五花八门的所谓"奋斗之路"放在心里。

4. 有才华却不张扬

一个年轻人要想尽快成熟,就需要养成多读书的习惯,用知识来填充自己的头脑。有时间要多看书,做一个有修养的人,而不是把时间浪费在滑稽怪诞的事情上。成熟的人会不断地丰富自己的内涵。但他们不张扬,他们的才华只在必需的时候才展现出来,绝不会为了满足虚荣心去刻意卖弄。他们如醇厚的酒,越品越有味道。

5. 宽容待人

一般说来,当一个社会形成了一种宽容的气氛时,就会变得充满生机。在这样一个竞争日益激烈的社会中,最要紧的是宽容,是用善心待人,原谅别人偶然的过失,即使是犯有大错的人,也要温和规劝,给他改正的机会。

6. 懂得换位思考

有一句名言说,如果我们只站在自己的角度看问题,那么我们永远不知道别人在想什么。这个世界上,有很多问题,站在自己的角度去思考可能永远不能了解或解决,而换个角度去思考就会有一个全新的答案。

所以,我们在说话办事时,不妨选择一个好的角度。有一个好的角度,就有了成功的一半;但若选择了一个坏的角度,就会得到失败的全部。

第七章
百门会不如一门精,用心做好一件事

用心去做好每一件事情,这是一种人生态度,只有保持好这种态度,你才能够心如止水,平淡但坚定,才能够在忙碌的生活中保持好生活的方向,时时刻刻、事事严格要求自己。用心做好每一件事情,你才能够把握好生活中、工作中的每一个细节,把握好细节、事事从细节入手你才能够一步步地走向成功。

用心做好一件事

水滴石穿,绳锯木断。骐骥一跃,不能千里;驽马十驾,功在不舍。世上无难事,只怕有心人;贵有恒,何必三更灯火五更鸡,最无益,莫过一日曝十日寒。这些格言说的都是一个道理:用心一处,不要蜻蜓点水。

孔子一生怀才不遇,只好四处流浪,背井离乡。一路上跋山涉水,风餐露宿,这一日他来到了楚国一个山青水秀的地方。由于天气炎热,孔子及其弟子们便在林中歇息避暑。

正在这时,忽然看见一位身手轻捷的驼背老人正在用竹竿捉蝉,伸手一接便是一只,就好像是在变戏法一样,看得大家目瞪口呆。

孔子趁老人休息的时候,走上前去,向老人请教捉蝉的方法:"一会儿就捉了这么多,你有什么秘诀吗?"

老人说:"在五六月间里,我学着用竹竿头接运泥丸。开始接运两粒泥丸,使之不失坠,经过这样的练习,我捉蝉时失手的次数就不多;然后再依次增加泥丸的数目,到接运五颗泥丸而使之不失坠的时候,就会达到我现在的境界。我操纵我自身,就好像砍断的大树;我伸出手臂,好像枯橘树木的枝条。天地虽然大,物品虽然多,我心中仅仅知道蝉的翼。任何事物都不能干扰我捕蝉的心思。照这样去做,怎么能捕不到蝉呢?"

孔子回头对学生说:"看来做任何事用心专一,不瞻前顾后,就可以达到神妙的境界啊。"

老人说:"你是穿大袖宽衣的儒者,怎么问这些事呢?好好地把我这一套技术记述下来,传给后人。"

另外还有一则故事,也说明了这一点。

楚国一位著名的钓鱼能手名叫詹何,据说他能够用一根蚕丝作为钓线,用芒草针作为钓钩,用小荆条或小竹条作钓竿,用半颗谷粒作诱饵,不管是在水流湍急的河中,还是在八百尺深的潭里,钓出的鱼要用车才能运走。而且他的鱼竿也不会有丝毫的损坏。

楚王也听说了詹何的钓术,很想知道其中的奥妙,于是把他召来,问他为什么有这么好的本领。

詹何笑道:"先父曾经对我说过这么一件事。有一个叫蒲且子的人射鸟,用很弱小的弓,在箭上系上极细小的丝,趁着风势射出去,能够把在青云之上飞行的大雕射下来。他之所以能够这样,是因为他用心专一,动作灵敏。我从他射鸟中得到启发,就专心致志地琢磨钓鱼的诀窍,经过了五年之久才把这一套手艺练就。现在,当我在河边钓鱼的时候,我就能做到心里不去想任何别的事,把钓线抛入水中,钓钩沉到水里之后,我的手脚就不轻不重,任何事情也不能打乱我。我一动不动,两眼静静地注视着河水。鱼就会以为我的钓饵是水里的尘埃或者水中聚集的泡沫,不知不觉地吞了下去,我顺势轻轻一拉,大鱼就被我钓了上来。这就是我为什么能成为钓鱼能手的道理。"

楚王说:"原来如此啊。要是我治理楚国能够引用这一道理,那普天之下的管理也就轻而易举了,你说是吗?"

詹何说:"是啊,两者的道理是一样的。"

做事情只要坚持做到两点,就能顺遂人意:一是用心要专一,不能三心二意;二是勤学苦练,熟能生巧。而现在很多人却做不到这两点,对事物一知半解,还自以为是,"满罐子不响,半罐子咣当"就是对某些人的生动写照。

有多大眼界成多大事

西汉高祖十一年(公元前196年),中大夫贲赫上书告淮南王黥布谋反。高祖派人查验有据,召集诸侯问道:"黥布反了,怎么办?"众诸侯都回答说:"发兵将他小子坑了,还能怎么办!"汝阴侯胜公私下问其士客薛公说:"皇上分地封他为王,赐爵让他尊贵,面南而称万乘之主,他为什么谋反呢?"薛公说:"他应该反!皇上前年杀彭越,去年诛韩信,黥布与此二人同功一体,自认为祸将及身,所以谋反。"胜公对高祖说:"我的士客故楚国令尹薛公,其人有筹策,可以问他。"高祖于是召见薛公,求问对策。

薛公为高祖分析形势,他说:"黥布谋反并不奇怪。黥布有三计,如果用上计,山东之地就不是汉朝的了,用中计,则胜负难测,用下计,陛下可以安枕而卧。"高祖问:"上计怎么讲?"薛公说:"东取吴,西取楚,北取齐鲁,传檄燕、赵,然后固守,山东之地即非汉所有。"又问："中计怎么讲？"薛公说："东取吴，西取楚，并韩取魏，据敖仓之粟，塞成皋之险，则胜负难测。"又问："下计呢？"回答说："东取荆，西取下蔡，以越为后方，自己守长沙，则陛下可以安枕而卧，汉朝无事。"高祖说："那黥布会用哪一计？"薛公说："黥布以前是骊山的役徒，而今为万乘之君，他只会保身，不会为天下百姓考虑，所以会用下计。"高祖说："好！"于是封薛公千户，亲自领兵东击黥布。

果然，黥布用薛公说的下计，东击荆，荆王刘贾死于富陵（今江苏洪泽县西北），劫其兵，渡淮水击楚，大败楚军，然后西进。

与高祖兵在蕲（今河南淮阳县）相遇，汉兵击破黥布军，黥布渡淮水而逃，后与百余人逃至江南，被人杀死。

薛公虽然是把黥布看扁了，但他看得很准。黥布的确胸怀不大，鼠目寸光，手下又没有出色的谋士，成不了什么大事。

人们常说，思路决定出路，眼界决定境界，这话不假。想让自己的事业更上一层楼，就要站在更高的地方，多看，多听，多接触新事物。不换脑筋，就会被淘汰，在这个飞速发展的时代，绝不是危言耸听。

1993年的时候，新希望集团的刘永好与大邱庄的禹作敏曾有过多次接触。一次禹作敏问："永好啊，我不懂，你在全国办那么多厂，你是怎么管的？我在外地办工厂都亏损……"刘永好说："我没调查，还说不好，我需要看一看。"

回来之后，刘永好一个最基本的感受就是：禹作敏在大邱庄待得太久了，所以他在中央电视台讲大邱庄是世界上最好的地方，他说大邱庄的小伙子要娶美国的媳妇，他讲大邱庄的农业已经超过了美国……这就是他走向失败的根本点——眼界太小，成为坐井观天的青蛙。

山外有山，楼外有楼。不管你现在是不名一文，还是富可敌国，你都要看到世界上比你强的还有很多。只有始终保持一个广阔的视野，脑子能不断装进新东西，才能最终成就事业，立于不败之地。

瞄准目标去做事

没有目标的人生不可能成功，就如没有空气人不能存活一样。没有明确的目标或是目标不专一的人，他再勤劳也是徒劳，就像一艘没有舵的船，永远漂泊不定，只会到达失望、失败和丧气的海滩。

刘备少年时就确立了"上报国家，下安黎庶"的远大志向，深得人心，身边又有关羽、张飞、赵云等忠诚骁勇的大将，照理说应该是所向无敌了。然而，恰恰相反，在他奋斗的前期却屡遭败绩，一次又一次地丢失地盘，处处被动，只得辗转投奔他人，困守小小的新野县。原因在哪里？最根本的原因就在于他虽然胸怀大志，却一直缺乏正确的战略方针。直到他三顾茅庐，诸葛亮才为他把天下大势分析得明明白白，替他设计了最佳的发展道路："将军欲成霸业，北让曹操占天时,南让孙权占地利,将军可占人和。先取荆州为家,后即取益州建基业,以成鼎足之势,然后可图中原也。"

这位年仅 27 岁的青年,对天下大势和刘备集团自身的条件真是了如指掌。正是由于有了诸葛亮制定的正确战略,刘备集团才扭转了颓势,取荆州,夺益州,攻汉中,取得了节节胜利,与曹操、孙权鼎足而立。后来,由于关羽违背了隆中决策中"外结孙权"的方针,刘备陷入曹操、孙权的两面夹攻,痛失荆州,使诸葛亮两路北伐的战略构想无法实现;刘备不听劝告,强行伐吴,又遭惨败,进一步削弱了刘蜀集团的实力。尽管诸葛亮修复了蜀、吴关系,平定了南方,发展了经济,但刘备集团终究国小力弱,再也不可能实现"隆中对"提出的最终目标了。

我们看一个有趣的哲理故事:

话说唐太宗贞观年间,长安城内的一个磨坊里,有一匹马和一头驴。它们是好朋友,马在外面拉东西,驴在屋里推磨。贞观三年(公元 629 年),这匹马被玄奘大师选中,出发经西域前往印度取经。

17 年后,这匹马驮着佛经回到长安。它重回磨坊会见它的驴子朋友。老马谈起这次旅途的经历:浩瀚无垠的沙漠、高耸入云的山岭、莽莽苍苍的森林、神奇的国度……那些神话般的境界让驴听了大为惊异。驴子惊叹道:"你有这么丰富的见闻呀!那么遥远的道路,我连想都不敢想。"

"其实,"老马说,"我们跨过的距离是大体相等的,当我向西域前进的时候,你一步也没停止,不同的是我与玄奘大师有一个遥远的目标,按照始终如一的方向前进,所以我们打开了一个广阔的世界。而你被蒙住了眼睛,一生就围着磨盘打转,所以永远也走不出这个狭隘的天地。"

那头驴子也很辛苦,但它汗水都洒在一个小小的圆圈里了,它一辈子也没有看到外面美丽的风景。

有了目标还不够,你要马上行动起来,不能拖,否则热乎劲儿一过,可能就难以持之以恒了。

为了成功,你要大声说出你的目标,可以天天对自己说,也可以让别人知道并监督自己。

当你说出你的目标时,这些好处几乎会自动地到来:

(1)第一个巨大的好处是你的潜意识开始遵循一条普遍的规律,进行工作。这条普遍的规律就是:"人能设想和相信什么,人就能用积极的心态去完成什么。"如果你预想出你的目的地,你的潜意识就会受到这种自我暗示的影响。它就会进行工作,帮助你到达那儿。

(2)如果你知道你需要什么,你就会有一种倾向:你因受到激励而愿付出代价,你能够预算好时间和金钱了。

(3)现在,你的工作变得有乐趣了。你愿意研究、思考和设计你的目标。你对你的目标思考得越多,你就会越发热情,你的愿望也就变成热情的愿望。

(4)你对一些机会变得敏锐了。这些机会将帮助你达到目标。你知道你想要什么,你就很容易察觉到这些机会。

总之，要瞄准目标去做事，只有这样才能使你集中精力。千万不要陷入琐碎的日常事务中去，成为琐事的奴隶。

想做就全身心投入

美国著名演员菲尔兹曾说："有些妇女补的衣服总是很容易破，钉的扣子稍一用力就会脱落。但也有一些妇女，用的是同样的针线补的衣服、钉的钮扣，你用吃奶的力气也弄不掉。"做事是否认真，体现着一个人的生活态度、敬业精神。只有那些有着严谨的生活态度和满腔热忱的敬业精神的人，才会认真对待每一件事，不做则已，要做就一定要尽心尽力做好。这样的人也往往会得到别人的信任，为自己打开成功之门。

人类的历史，充满了由于疏忽、畏难、敷衍、轻率而造成的可怕惨剧。如果每个人都能凭着良心做事，不怕困难，不半途而废，那么不但可以减少不少的惨祸，而且可使每个人都具有高尚的人格。养成了敷衍了事的恶习后，做起事来往往就会不诚实。这样，人们最终必定会轻视他的工作，从而轻视他的人品。粗劣的工作，就会造成粗劣的生活。粗劣的工作是摧毁理想、堕落生活、阻碍前进的仇敌。要实现成功的唯一方法，就是在做事的时候，要抱着追求完美的态度。无论做什么事，如果只是以做到"尚佳"为满意，或是做到半途便停止，那就决计不会成功。

有人曾经说过："轻率和疏忽所造成的祸患不相上下。"许多人之所以失败，就是败在做事轻率这一点上。这些人对于自己所做的工作从来不会做到尽善尽美。须知职位的晋升是建立在踏实履行日常工作职责的基础上的,只有目前所做的职业,才能使你渐渐地获得价值的提升。

美国成功学家马尔登说过,马马虎虎、敷衍了事的毛病可以使一个百万富翁很快倾家荡产;相反,每一个成功人士都是认认真真、兢兢业业的。

有这样一个故事:

旧金山一位商人给一个萨克拉门托的商人发电报报价:"10000蒲式耳大麦,单价1美元。价格高不高?买不买?"萨克拉门托的那个商人原意是要说:"不,太高。"可是电报里却漏了一个逗号,就成了"不太高"。结果这一下就使他损失了1000美元。

许多人做了一些粗劣的工作,借口是时间不够。其实按照各人日常的生活,都有着充分的时间,都可以做出最好的工作。如果养成了做事务求完美、善始善终的习惯,人的一辈子必定会感到无穷的满足。而这一点正是成功者和失败者的分水岭。成功者无论做什么,都力求达到最佳境地,丝毫不会放松;成功者无论从事什么职业,都不会轻率疏忽。

认真的精神,其实是对自己、对他人、对家庭和社会的高度责任感。做事能否认真,与是否有耐心关系密切。《围炉夜话》里把处事心浮气躁、耐不得麻烦视作一个人最大的缺点。许多人做事只图快,只图省力气,怕麻烦,于是偷工减料,"萝卜快了不洗泥",这样做出的"成果"必然是经不起检验的。现在市场上许多劣质产品使消费者吃尽苦头,其中原因之一就在于某些制作者不愿耐心地按工艺要求做,结果产品质量不能保证,如一堆废品。商品社会让我们越来越缺乏耐性了。金钱正在大口大口地吞噬着我们的耐性,把我们搞得无比浮躁。而这种"浮躁",这种"缺乏耐性",正是为人做事不再认真、充满着"浮躁心"的突出表现。

能否认真做事,不但是个行为习惯的问题,更反映着一个人的品行。"认认真真"与"清清白白"是不可分的。很难想象一个整天只图自己安逸和舒服,只想着走捷径取巧发财的人,会不辞劳苦地、耐心地、认认真真地去做好该做的事。认真做事的前提,就是要认真做人。

世界上的任何事怕就怕"认真"二字。做事细心、严谨、有责任心、追求完美和精确,是认真;做人坚持正道,不随波逐流,不为蝇头小利所惑,"言必信,行必果",也是认真;生活中重秩序,讲文明,遵纪守法,甚至起居有节、衣着整洁、举止得体,也是认真的体现。认真就是不放松对自己的要求,就是严格按规则办事做人,就是在别人苟且随便时自己仍然坚持操守,就是高度的责任感和敬业精神,就是一丝不苟的做人态度。

认真地做事,认真地做人,这在今天这个浮躁的时代尤为重要。

对自己寄予厚望

为什么我们该相信自己?因为在这世上,每个人都是独一无二的，所以你该相信自己，相信天生我材必有用。

那为什么你会是这世上独一无二的呢？因为你所做的事，别人不一定做得来；而且，你之所以为你，必定有些相当特殊的地方——我们姑且称之为特质吧！——而这些特质又是别人无法模仿的。

既然别人无法模仿你，也不一定做得来你能做得了的事，试想，他们怎么能给你更好的意见？他们又怎能取代你的位置，来替你做些什么呢？所以，这时你不相信自己，又有谁可以相信？

况且，每个来到这个世上的人，都是上帝赐给人类的恩宠，上帝造人时即已赋予每个人与众不同的特质，所以每个人都会以独特的方式来与他人互动、进而感动别人。要是你不相信的话，不妨想想：有谁的基因会和你完全相同？有谁的个性会和你一毫不差？

基于这种种重要的理由，我们相信：你有权活在这世上，而你存在这世上的目的，是别人无法取代的。

只要你认准了路，确立好人生的目标，就永不回头。向着目标，心无旁骛地前进，相信你一定会到达成功的彼岸。干什么事情，只停留在嘴上是不够的，关键要落实在行动上。

不要幻想生活总是那么圆满，也不要幻想在生活四季中享受所有的春天，每个人的一生都注定要跋涉沟沟坎坎，品尝苦涩与无奈，经历挫折与失意。

生活中的不幸是人生不可避免的，而这些不幸早晚都会过去的，时间会冲淡痛苦的感觉。把"这没有什么了不起的"这句话在心中重复几次。绝不能因为不幸的打击，就变得憔悴万分，而应不再痛苦，振作起来，干你自己应该干的事情。

不过，有时候别人（或者整个大环境）会怀疑我们的价值，所谓三人成虎，久而久之，连我们都会对自己的重要性感到怀疑。请你千万千万不要让这类事情发生在自己身上。

记住，你有权利去相信自己！

20世纪心理学上最伟大的发现，就是一个人可以通过塑造一个思想中的画面与自我形象来塑造一个真实的自己。

一个小老鼠从一间房子里爬出来，看到高悬在空中、放射着万丈光芒的太阳。它禁不住说："太阳公公，你真是太伟大了！"

太阳说："待会儿乌云姐姐出来，你就看不见我了。"

一会儿，乌云出来了，遮住了太阳。

小老鼠又对乌云说："乌云姐姐，你真是太伟大了，连太阳都被你遮住了。"

云却说："风姑娘一来，你就明白谁最伟大了。"

一阵狂风吹过，云消雾散，一片晴空。

小老鼠情不自禁道："风姑娘，你是世界上最伟大的了！"

风姑娘有些悲伤地说："你看前面那堵墙，我都吹不过呀！"

小老鼠爬到墙边，十分景仰地说："墙大哥，你真是世界上最伟大的了。"

墙皱皱眉，十分悲伤地说："你自己才是最伟大的呀，你看，我马上就要倒了，就是因为你的兄弟在我下面钻了好多的洞啦！"

果真，墙摇摇欲坠，墙脚里跑出了一只只的小老鼠。

这个世界上我们每个人都是独一无二的奇迹，都是自然界最伟大的造化，长得完全一样的人以前没有，现在没有，将来也不会有。物以稀为贵，所以只有正确认识自己的价值，对自己充满自信，不断发挥自身的潜力，才能将我们生存的意义充分体现出来。

记住：你生来就是一名冠军！你是天生的赢家！

良好的自我心象对一个人是否能成功，确实起着关键性的地位。你认为自己是怎样的人，就会做怎样的表现，这两者是一致的。你觉得自己是个有价值的人，结果你就会变成有价值的人，做有价值的事，而且拥有一些有价值的事物。你觉得自己一文不值，就不会得到有价值的事物。

成功与快乐的起点，就是自我心象。乔爱斯博士是一位很有名的作家、专栏作家与心理学家。他说："一个人的自我观念是人格的核心。它会影响人的行为，例如学习、成长与变化的能力，选择朋友、配偶与职业，等等。坚强的积极的自我心象，是成功的生活的最坚实的基础。"

"虽然命运也跟我开了太多的玩笑，比如父亲遭遇车祸受伤，比如高考失误让我有坠入谷底的痛楚……但玩笑之后，我懂得珍惜青春与生命，学会笑对人生中的不幸和苦难。因此有个曾供职于《东方》文化周刊的编辑说我是个'强者'，'强者'我不敢当，但我还算是个足够坚强的人。"无论多少压力冲向自己，都要时时告诫自己："不能够停止飞翔，在飞行的过程中，我要渐渐学会用喙自己梳羽毛，用舌自己舔伤口。"

你如果希望自己变成更有自信的人，你就可以经常想：我是最棒的！我是最好的！当你脑海中重复想象自己最有自信的时候，你可能会看到画面，听到声音，或感觉到感受。没多久，你就会发现，自己变得真的很有自信，你的行为也都会配合着你的思想去行动。你的思想改变，行为就会改变。

唱出与众不同的声音

既然你是世上独一无二的个体。你的思考、你的内在，别人都无法模仿的，那你就一定要信心十足地唱出与众不同的声音来给这个世界听。

美国成功学大师马尔登讲过这样一个故事：在富兰克林·罗斯福当政期间，我为他太太的一位朋友动过一次手术。罗斯福夫人邀请我到华盛顿的白宫去。我在那里过了一夜，据说隔壁就是林肯总统曾经睡过的地方。我感到非常荣幸。岂止荣幸？简直受宠若惊。那天夜里我一直没睡。我用白宫的文具纸张，写信给我的母亲、给我的朋友，甚至还给我的一些冤家。

小时候，我曾经在纽约附近的一些脏乱街道上玩耍过。

"麦克斯，"我在心里对自己说，"你来到这里了。"

早晨，我下楼用早餐，罗斯福总统夫人是那里的女主人。她是一位可爱的美人：她的眼中露着特别迷人的神色。我吃着盘中的炒蛋，接着又来了满满一托盘的鲑鱼。我几乎什么都吃，但对鲑鱼一向讨厌。我畏惧地对着那些鲑鱼发呆。

罗斯福夫人向我微微笑了一下。"富兰克林喜欢吃鲑鱼。"她说,指的是总统先生。

我考虑了一下。"我何人耶?"我心里想,"竟敢拒吃鲑鱼?总统既然觉得很好吃,我就不能觉得很好吃吗?"

于是,我切了鲑鱼,将它们与炒蛋一道吃了下去。结果,那天午后我一直感到不舒服,直到晚上,仍然感到要呕吐。

我说这个故事有什么意义?

很简单。

我没有按照自己的心愿唱出自己的声音。

我并不想吃鲑鱼,也不必去吃。为了表示敬意,我勉强效颦了总统。我背叛了自己,站在了不属于自己的位置上。那是一次小小的背叛,它的恶果很小,没有多久就消失了。

不过,这件事确也指出走向成功之道最常碰到的陷阱之一。

别人眼中的成功——你不想把它视作你的欲望完成的一种成功,在你的自我心象中,这并不是成功。

那是一种失败。

一种出生不久的婴儿依附母亲的消极被动,深深地陷于今日文化之中,这是一种被人称作"跟他人看齐"的复杂情结。这种情绪的根本理由是:如果你的邻居或友人买了一部新车,你也必须买一部;如果他买了一栋新屋,你也必须买一栋——诸如此类的愚蠢竞争,究竟到哪里为止,我就不得而知了。

我所知道的是:此种"成功",实在是一种失败:它剥夺了一个人自我完整的概念。它使他放弃了自我心象的立场——就像我在效颦罗斯福总统时所做的一样——令我自己陷入心灵所不需要的那种荒谬竞争之中。

记着这句话：你的最可靠的指针，是接受你自己的意见，尽你所能办到的去好好生活。

一个穷人可以比一个国王活得更成功——只要他活的是真实的自己。

你，不论贫富老少，都可以尝到成功的滋味——只要能澄清你的思想、心象和意愿的力量——一种成功的感觉。

电影舞星佛莱德·艾斯泰尔1933年到米高梅电影公司首次试镜后，在场导演给他的纸上评语是"毫无演技，前额微秃，略懂跳舞"。后来艾斯泰尔将这张纸裱起来，挂在比佛利山庄的豪宅中。

美国职业足球教练文斯伦巴迪当年曾被批评"对足球只懂皮毛，缺乏斗志"。

哲学家苏格拉底曾被人贬为"让青年堕落的腐败者"。

彼得·丹尼尔小学四年级时常遭级任老师菲利浦太太的责骂："彼得，你功课好刁；脑袋不行，将来别想有什么出息！"彼得在26岁前仍是大字不识几个，有次一位朋友念了一篇《思考才能致富》的文章给他听，给了他相当大的启示。现在他买下了当初他常打架闹事的街道，并且出版了一本书：《菲利浦太太，你错了！》。

歌剧演员卡罗素美妙的歌声享誉全球。但当初他的父母希望他能当工程师，而他的老师则说他那副嗓子是不能唱歌的。

发表《进化论》的达尔文当年决定放弃行医时，遭到父亲的斥责:"你放着正经事不干,整天只管打猎、捉狗捉耗子的。"另外,达尔文在自传上透露:"小时候,所有的老师和长辈都认为我资质平庸,我与聪明是沾不上边的。"

沃特·迪斯尼当年被报社主编以缺乏创意的理由开除,建立迪斯尼乐园前也曾破产好几次。

爱因斯坦4岁才会说话,7岁才会认字。老师给他的评语是:"反应迟钝,不合群,满脑袋不切实际的幻想。"甚至他还曾遭到退学的命运。

法国化学家巴斯德在读大学时表现并不突出,他的化学成绩在22人中排第15名。

牛顿在小学的成绩一团糟,曾被老师和同学称为"呆子"。

罗丹的父亲曾怨叹自己有个白痴儿子,在众人眼中,他曾是个前途无"亮"的学生,艺术学院考了三次还考不进去。他的叔叔曾绝望地说:孺子不可教也。

《战争与和平》的作者托尔斯泰读大学时因成绩太差而被劝退学。老师认为他:"既没读书的头脑,又缺乏学习的兴趣。"

如果这些人不是尽力唱出自己的声音,而是被别人的评论所左右,怎么能取得举世瞩目的成绩?

人生的成功自然包含有功成名就的意思,但是,这并不意味着你只有做出了举世无双的事业,才算得上成功。世界上永远没有绝对的第一。看过马拉多纳踢球的人,还想一身臭汗地在足球队里吗?听过帕瓦罗蒂的歌声的人,还想修练美声唱法吗?读过《红楼梦》的人,还想写小说吗?——其实,如果总是担心自己比不上别人,只想着功成名就，那么世界上也就没有曹雪芹、帕瓦罗蒂、马拉多纳这类人了。

俄国作家契诃夫说得好："有大狗，也有小狗。小狗不该因为大狗的存在而心慌意乱。所有的狗都应当叫，就让它们各自用自己的声音叫好了。"

小狗也要大声叫！实际上，追求一种充实有益的生活，其本质并不是竞争性的，并不是把夺取第一看得高于一切，它只是个人对自我发展、自我完善和美好幸福的生活的追求。

那些每天一早来到公园练武打拳、练健美操、跳迪斯科的人，那些只要有空就练习书法绘画、设计剪裁服装和唱戏奏乐的人，根本不在意别人对他们姿态和成果品头论足，也不会因没人叫好或有人挑剔就停止练习、情绪消沉。他们的主要目的不在于当众展示、参赛获奖，而是自得其乐、自有收益，满足自己对生活美和艺术美的渴求。

所以说，真正成功的人生，不在于成就的大小，而在于你是否努力地去实现自我，喊出属于自己的声音。

戴维·克罗克特有一句很简单的座右铭："确定你是对的，然后勇往直前。"

每一个人，无论是贩夫走卒还是英雄人物，总有遭人批评的时刻。事实上，越成功的人，受到的批评就越多。只有那些什么都不做的人，才能免除别人的批评。

只要你能以积极的心态去应付批评，被人批评其实不成问题。丘吉尔在他的办公室墙上，悬着一幅林肯的字，上面是这么说的："我当竭尽所能，一往直前。如果结果证明我是对的，那么所有反对我的声浪都无关紧要。反之，如果我是错的，就算天使信誓旦旦地说我是对的，也无济于事。"丘吉尔一生不知遭遇过多少批评，林肯更不用说了，在他一生之中，反对他的声音几乎不计其数。其实现在的一些公众人物不也如此吗？真正的勇气就是秉持自己的信念，不管别人怎么说。

我们都知道水可载舟，亦可覆舟，但是水只要不渗进船里，船就不会沉。记住一件事，只要确定你是对的，就坚持你的信念，无怨无悔。如果你能做到这一点，就能成为人上之人。

只有长期保持高度的乐观和自信，才能使你不断地获得成功。但是在生活、工作、学习以及与他人交往中，总不免被人批评，受人指责。越是有成绩、有名望，越容易受到别人的非议。这些人非但没有被批评、辱骂所吓倒，反而更加保持乐观和自信的态度，做出了影响深远的成就。

我们从美国海军陆战队的史密德里·柏特勒将军等人的经历中可以得到启示。

柏特勒将军曾告诉别人，他年轻的时候很想成为最受人欢迎的人物，希望每个人都对他有好印象。在那个时候，即使一点小小的批评都会使他难过半天。但在军队的30年使他变得坚强起来。他被别人责骂和羞辱过，什么难听的话都经受过：黄狗、毒蛇、臭鼬……后来他听到别人在后面讲他的坏话时，他甚至连头都不会调过去看。这就是他对待谩骂的有力武器。

罗斯福总统的夫人曾向她的姨妈请教对待别人不公正的批评有

什么秘诀。她姨妈说:"不要管别人怎么说,只要你自己心里知道你是对的就行了。"避免所有批评的唯一方法就是只管做你心里认为对的事——因为你反正是会受到批评的。

不要让别人的观点阻挡你实现目标的热情。剑桥郡的世界第一名女打击乐独奏家伊芙琳·格兰妮说:"从一开始我就决定:一定不要让其他人的观点阻挡我成为一名音乐家的热情。"

她成长在苏格兰东北部的一个农场,从8岁时她就开始学习钢琴。随着年龄的增长,她对音乐的热情与日俱增。但不幸的是,她的听力却在渐渐地下降,医生们断定是由于难以康复的神经损伤造成的,而且断定到12岁,她将彻底耳聋。可是,她对音乐的热爱却从未停止过。

她的目标是成为打击乐独奏家,虽然当时并没有这么一类音乐家。为了演奏,她学会了用不同的方法"聆听"其他人演奏的音乐。她只穿着长袜演奏,这样她就能通过她的身体和想象感觉到每个音符的震动,她几乎用她所有的感官来感受着她的整个声音世界。

她决心成为一名音乐家,而不是一名聋的音乐家,于是她向伦敦著名的皇家音乐学院提出了申请。

因为以前从来没有一个聋学生提出过申请,所以一些老师反对接收她入学。但是她的演奏征服了所有的老师,她顺利地入了学,并在毕业时荣获了学院的最高荣誉奖。

从那以后,她的目标就致力于成为第一位专职的打击乐独奏家,并且为打击乐独奏谱写和改编了很多乐章,因为那时几乎没有专为打击乐而谱写的乐谱。

至今，她作为独奏家已经有十几年的时间了，因为她很早就下了决心，不会仅仅由于医生诊断她完全变聋而放弃追求，因为医生的诊断并不意味着她的热情和信心不会有结果。

不要被他人的论断而束缚了自己前进的步伐。追随你的热情，追随你的心灵，唱出自己的声音，世界因你而精彩。

有了目标你就跑

耶鲁大学曾对应届毕业生作了一项调查，内容是将来毕业以后，有没有一个非常具体的人生目标？结果，只有3%的学生回答"Yes"，97%的学生不知道自己想要怎样的生活。

耶鲁大学继续追踪调查，结果发现，当年在学校有明确目标的3%的学生在20年后，都成了有作为的人。

这个研究再一次提醒我们，设定目标对于人生成长是多么的重要啊！

成功的人，他们在成功之前，早就确立了自己的人生目标，他们的成功，只不过是长期地向着目标坚持不懈地努力的结果。

美国前总统克林顿在17岁的时候，因为学习成绩优异，得到美国白宫青年奖章，到白宫去见美国总统肯尼迪。回来之后，他买了两张画像，贴在自己的房间，还写下了这么一段话："我今年17岁。我发誓这一生一定要成为美国总统，服务美国民众。"

事实正如他的誓言一样，30年后，他实现了自己的人生目标。

在生活中，大多数人没有获得他们渴望的成功。因为他们不是参赛选手，只是看客。他们没有目标，不知道哪儿才是自己的赛场，也不知道应该将智谋体力投放在什么地方。没有人在乎他们的"比赛成绩"，也没有人给他们发"奖牌"。他们只能落寞地看着别人接受鲜花和掌声，在日复一日的平淡生活中藏起自己的希望。

目标和努力，都是成功的要素。靶子在前枪在手，意味着你已经有了目标和实现目标的基本条件。但是，你能否击中靶心？这依赖于你的枪法。而枪法是练出来的，需要付出相当努力才行。

这是一则曾引起轰动的新闻：2001年11月，四川联合大学博士研究生林炜的一项关于皮革鞣剂改良的科研成果，以700万元的天价成功地转让给重庆农药化工集团总公司。作为学生，林炜这一成就令多少同龄人称羡！但是，成功的背后，是数不清的辛劳，在她艰苦求索的道路上，洒满了心血和汗水。

那是1995年3月，林炜在准备本科毕业论文时曾到成都一家工厂实习。她发现制革采用的两种鞣剂各有特点和缺陷。"能不能取二者之优研制一种新型鞣剂呢？"一个念头闪现出来。她请教自己的导师张铭让教授，这位中国皮革领域的知名学者对林炜的想法极为赞赏，鼓励她大胆干。

从此，林炜就一头扎进科研课题中去了。懂行的人都知道，像这种制革鞣剂产品，除了要在实验室研究外，绝大部分工作要在实验基地和工厂中完成。苦不必说，这期间所经历的失败和挫折更是常人难以想象的！林炜的导师这样评价林炜："这个女孩子爱动脑筋，又特别能吃苦。"

为了不影响学业，林炜只好牺牲寒暑假，连续几年假期几乎全部泡在工厂，和工人同吃同住。制革车间环境差，湿度大，还得在水里趟，一些体力活，工人不愿意干的，林炜照样干。工人们称赞她："这个女娃真不简单！"林炜却说："怕吃苦，什么也干不成。"

功夫不负苦心人，她最后终于心想事成。

无论你的目标多么明确和崇高，它都不会自动走到你的面前。如果你只是看着它，却不设法向它靠近，它对你的意义也许只是象征性的，表明你并不是一个心无大志的人。除此之外，没有任何实际意义。只有通过积极的行动，你的目标才会在你的人生中大放异彩。

如何设定一个理想的个人目标呢？

第一，这个目标要以社会需求为基础。个人目标包含着你的价值观，它反映了你本人的需要和利益，又必然受到社会需要和利益的制约与影响。

假如个人目标与社会利益相违背，在向目标进发的过程中将遇到重重阻碍，而无法实现。即使达到了目标，由于不能为社会所承认，也不算成功。一个人想成为最优秀的强盗，可以吗？成为一个最优秀的强盗，并不是一件值得庆幸的事。

所谓"得民心者得天下"，个人目标必须以社会需要为前提，才可能到达成功的彼岸。

第二，目标还须远大。当你决定要跑 10000 米的时候，自然会进行 10000 米的长跑准备。哪怕你跑到 9000 米的时候坚持不住了，也不必妄自菲薄。因为你已经把别人远远地抛在了后面——他们只确立了 1000 米的目标，如今还在 900 米那里徘徊呢！所以说，你的想法同你的结果是成正比的关系。

第三，目标并不是越大越好。心理学家认为，太难和太容易的事，都不容易激发人的热情和斗志。"志当存高远"，但立志并非越高远越好。目标不是幻想，也不是空想，强调实行与实现。好高骛远，想入非非，耽溺于幻想，却无法为这些美妙的想法采取实质性的行动，更无法实现它们，这样的目标没有任何价值。

我们在制定目标时，一定要根据自己的经验阅历、素质特色、所处的环境条件等，使我们的目标既高出现实水平，又要基本可行。

第四，目标必须是自己的，而且有明确的实现期限。如果你只是为了取悦别人而制定一个目标，那么它其实不是真正的目标，而是一个指派的任务。如果别人在为你设计目标，那么你就不可能百分之百地投入，这肯定会阻碍你的发展。

目标应该有助于我们每天都达到最好的状态，同时让我们为明天准备得更好。所以，目标要具体，时间期限要明确，可操作性要强。只有具体、明确并有时限的目标才具有行动指导和激励的价值。当你决心在特定的时限内完成特定的任务，你就会集中精力，开动脑筋，调动自己和他人的潜力。如果目标只是空洞的口号，没有可操作性，便会丧失目标的约束性，形同虚设。

第五，在制定目标时，光有强烈的期望还不够。这就是说，你应该用想象力在头脑里把目标绘成一幅直观的图画，直到它完完全全成为现实。

譬如说，你的目标是想获得更理想的工作，那么你就必须把这一工作具体描述出来，并自我限定准备哪一天得到这份工作。你决不能对自己说："我希望有一个更好的工作——也许是推销员吧！"你要用肯定的语气说："我希望有一个更好的工作，不错，我想当推销员。我要推销某种商品。我就去找奥克先生谈谈，向他请教请教，他已经干了几年推销工作了。然后我向招聘推销员的七个公司写自荐信，过一个星期，我再给这七家公司打个电话，请他们给我安排一次面谈。"

第六，将大目标分割成小目标，各个击破。饭要一口一口吃，这是个很简单的道理。将大目标分割成小目标，然后一口一口吃掉它们，你的行动将变得更有效率。

许多人会因为目标过于远大，或理想太过崇高而终至放弃，这是很可惜的。把大目标分解成小目标，心理上的压力也会随之减小，可较快获得令人满意的成绩。只要一个个完成小目标，大目标也就完成了。

一个奋斗者不需要退路

"一个奋斗者不需要退路，他必须排除万难去争取胜利。"这是德国财经作家、百万富翁博多·费舍尔的一句名言，也是从无数成功者的事迹中总结出来的一个经验。

在生理学上，有一种自然现象叫"应激反应"，是说人处在极端危急的境地时，能发挥出令人惊奇的、巨大的潜能。以前国外曾报道一则新闻：一个老太太为了救自己的儿子，居然用双手托住了一辆正在下坠的小车。而在平时，她甚至连一个小车轮胎也托不起来。

很多成功人士将这种"应激反应"运用到事业中，他们的方法是：不给自己留退路。在危难之时掐断退路，就极有可能逼出自己乃至整个团队的最大潜能，创造一个奇迹。

韩信率数万精兵进攻赵国。赵国将领陈余得到消息，率领20万大军布防于井陉口。井陉口是入赵的必经之路，是太行山的险要关口。这里道路狭窄，两车不能并行，只能沿着狭长的隘道循序而进。从兵力和地形上看，都有利于赵军。

韩信统领汉军，在距井陉口30公里的地方驻扎下来。

半夜时分，韩信在中军帐中派兵遣将。他命2000名骑兵，全副武装，携带一些旗子，沿着山中小路，绕到赵军背后，隐藏在山沟里，窥视赵军的营寨。

韩信嘱咐士兵："赵军看到我们的主力部队后撤，一定会倾巢而出追击我们。只待他们的营垒一空，你们就立即冲进去，拔去他们的旗子，换上我们的旗子，然后配合主力夹击赵军。"

接着韩信又派一万人马作先头部队，出井陉口，背对着河水列阵。韩信知道赵军想把汉军一网打尽，这一万人马的先头部队既不是主力，又不打大将旗帜，赵军必然不肯去攻打。果然，这支先头部队顺利地背对着河边建立起阵地，未受赵军任何攻击。赵军得知韩信背水列阵，都暗笑起来，认为韩信不懂兵法。

天色微明时分，韩信布置停当，命令全体汉军大张旗鼓，喊声惊天动地杀奔井陉口。赵军看到汉军发动进攻，认为机会来了。当韩信的帅旗出现在井陉口时，赵军向汉军杀来。韩信假装战败，丢弃旗鼓，退到河边的阵地，与原来在那里列阵的一万士兵合在一处。

赵军看到汉军败退，果然倾营出动。此时，汉军前面是勇猛的赵军，后面是滔滔河水，没有退路。士兵为了生存，个个奋勇，以一当十，拼死搏杀。赵军多次冲击，都不能击溃汉军，而自己却被拖在绵蔓水边。

正当两军杀得难分难解之时，偷袭的2000骑兵进入赵营，把赵军旗帜全部换成汉军的红旗。此时，赵军多次进攻不利，将士十分疲劳，主将不得下令收兵回营。当赵军看到自己的营盘插满了汉军的旗帜时，大惊失色，立刻慌乱起来，人人争先逃命。赵将虽竭力制止，杀了不少逃兵，也阻挡不住败退的洪流。占领赵营的汉军乘机杀出，赵军腹背受敌，全线崩溃。汉军杀了赵军主将，活捉了赵王歇。

战斗结束后，有些将领不解，问韩信："您背水布阵，犯了兵法大忌，竟然取得了胜利，这是为什么呢？"

韩信回答说："兵法中说：'陷之死地而后生，置之亡地而后存。'汉军新招募来的士兵多，由于缺乏训练，斗志不够坚定。因此，必须把他们安排在没有退路的'死地'，他们才会死里求生，英勇奋战。如果将这些士兵放在进可攻退可守的安全地带，那么，强大的赵军一攻上来，谁不争先逃命？我们怎么能取得胜利呢？"

韩信"陷之死地而后生，置之亡地而后存"的策略，就是利用了人的"应激反应"，使那些未经训练的新兵发挥出了十倍的效能。

在军事上，为了避免受对方的"应激反应"所害，就有"围师必阙""穷寇勿追"等作战原则。意思是在重兵围困时给敌人留一条逃生之路；不追逼已处于穷途末路的敌人。其目的就是不要把对方逼到非死战不能求生的地步。

俗话说，兔子逼急了要咬人，狗逼急了要跳墙，这都是"应激反应"的表现。人逼急了更不得了，智谋体力一旦集于一点，泰山可移，沧海可填。

路是人走出来的，它始于拓荒者的决心和勇气。在"此路不通"的地方，只要你绝不退缩，逼着自己踏平坎坷、拨开荆棘，命运就会向你亮起绿灯。

詹姆斯出生在一个贫穷的家庭，年轻时做过各种既辛苦又不赚钱的工作。后来，他说服新婚妻子，卖掉家里的房子，凑足3000美元，开了一家机电工程行。几年后，他的公司迅速壮大，年营业额超过100万美元。

詹姆斯不满足于现有成就，他决定让自己的公司上市，向社会筹集资金。当时申请成立股份公司很容易，难的是在华尔街找到一家有实力的股票承销商，这些家伙比较挑剔，对小公司可不感兴趣。有人劝詹姆斯，趁早打消成立股份公司的念头，免得到时候成为笑柄。

詹姆斯没有被将来的困难吓倒。既然他决定让自己的公司上市，他就一定要让自己的公司上市！

当詹姆斯办妥成立股份公司的一切法律手续后，却找不到一家证券商愿意承销他的股票，他顿时陷入进退两难的境地。

詹姆斯不是一个轻易认输的人,他决心破釜沉舟,跟华尔街的传统观念搏一把。他想:难道我非得依赖那些讨厌的证券商吗?他们不肯帮我发行股票,我就不能自己发行吗?他说干就干,邀集朋友们,到处散发印有招股说明书的传单。

在华尔街的历史上,撇开承销商而自行发行股票,是破天荒的第一次,行家们都断言詹姆斯必然以笑话收场。就詹姆斯本人来说,他是骑在虎背上,不得不硬着头皮干。因为他没有将事情干到半路就收场的习惯。

詹姆斯和他那帮热心肠的朋友们,从一个城市到另一个城市,起劲推销股票。他的离经叛道之举使他在华尔街名声大噪,人们抱着或敬佩,或赞赏,或好奇,或尝试的心理,踊跃购买他的股票,短时间内便卖出40万股,筹得100万美元。

获得资金后,詹姆斯如虎添翼。他以小鱼吃大鱼的方式,在股市进行了一系列漂亮的投资运作,奇迹般地兼并了多家大公司,创造了一个全美家喻户晓的现代股市神话。

世上只有易失之物,没有易成之功,要取得一点成就十分不易,你必须比绝大多数人做得好一倍,你才有可能成功。只是发挥一般的能量是远远不够的,要充分利用"应激反应",把自己逼到只许成功不能失败的境地。比如,当众宣布自己的目标,一旦不能达成目标,就会丢脸,就无地自容。这样就可以逼迫自己全力以赴。

把自己逼到无路可退时,你就没有了左顾右盼,没有了瞻前顾后,你的注意力会被有力地集中起来,在本能的驱动下,发出几十倍的威力，创造一个奇迹。

尤为重要的是，事情没做之前不要替自己设计千百条退路，因为这只会为你的逃避提供借口。把退路断掉，逼迫自己向前、向前，永远向着自己的目标前进，你终有一天会大功告成。

第八章
梦要放到天上，脚要踩在地上

年轻的人不仅热情洋溢、充满活力，连理想也充满了青春的"飘扬感"。今天想成为一个名律师，明天想成为一个贸易专家，后天想亲手解决重大的民生问题，大后天又想和王石、任志强一样在房地产行业有一番作为……这些梦想当中，任何一个都足够让你付出一生的努力了。有时候梦想太多，反而是一样坏事，因为那会阻碍你前进的脚步。要志存高远，更要脚踏实地。

遇事要多考虑3分钟

古人说:"三思而后行。"只有事前经过反复思考和斟酌,才能增加成功的概率。20几岁以后的年轻人养成这样一种工作习惯,处理事情才会更有把握。

一个人在工作中如果遇到事情不加考虑就去做,很容易给人留下一种鲁莽的感觉。而如果他能在遇事时多考虑,不但会给人留下成熟稳重的印象,而且还有利于工作的完成。

所以,你在以后的工作中,遇事时一定要深思熟虑。尤其是在做要紧的事情且没有把握的时候,成败常常取决于你是否经过谨慎地思考和权衡。

曾国藩带湘军围剿太平天国时,清廷对其有一种极为复杂的态度:不用这个人吧,太平天国声势浩大,无人能敌;用吧,一则是汉人手握重兵,二则曾国藩的湘军是其一手建立的子弟兵,怕对自己形成威胁。在这种思想作用下,对曾国藩的任用是"只办事,不给权"。苦恼的曾国藩急需朝中重臣为自己撑腰说话,以消除清廷的疑虑。

忽一日,曾国藩在军中得到胡林翼转来的肃顺的密函,得知这位精明干练的顾命大臣在慈禧太后面前荐自己出任两江总督。曾国藩大喜过望,咸丰帝刚去世,太子年幼,顾命大臣虽说有数人,但实际上是肃顺独揽权柄,有他为自己说话,再好不过了。

曾国藩提笔想给肃顺写封信表示感谢，但写了几句，他就停下了。他知道肃顺为人刚愎自用，目空一切，用今天的话来说就是有才气也有脾气。他又想起慈禧太后，这个女人现在虽没有什么动静，但绝非常人，以自己多年的阅人经验来看，慈禧太后心志极高，且权力欲强，又极富心机。肃顺这种专权的做法能持续多久呢？慈禧太后会同肃顺合得来吗？思前想后，曾国藩没有写这封信。

后来，肃顺被慈禧太后抄家问斩。在众多官员讨好肃顺的信件中，独无曾国藩的只言片语。"三思而后行"救了曾国藩一条命。

世上的事情都有一个恰到好处的分寸，有一分谨慎就有一分收获，有一分疏忽就有一分丢失；十分谨慎就完全成功，完全疏忽就会彻底失败。办事讲究谨慎。

许多人在办事时，开始比较谨慎，过不了多久，就会松懈下来；有的人对大事、难事比较谨慎，对小事、容易事就疏忽。生活中不是常常有因忽略小事而酿成大祸的惨痛教训吗？到了困难的事情面前一筹莫展，还不是在容易事前疏忽大意而造成的吗？如果不想失败，就要十分谨慎。

20多岁刚步入社会的年轻人要养成善于思考的习惯。就是在下决心之前，一定要对自己多发问，注意整理自己的思路，想想自己为什么会有这种决定。这个过程虽然看起来简单，但在处理难题的实际情况中往往会收到奇效。

把每一天当成最后一天

"二战"时期,在纳粹集中营里,一个犹太女孩写过这样一首诗:
这些天我一定要节省,虽然我没有钱可节省。
我一定要节省健康和力量,足够支持我很长时间;
我一定要节省我的神经、我的思想、我的心灵和我精神的火;
我一定要节省流下的泪水,我需要它们安慰我;
我一定要节省忍耐,在这些风暴肆虐的日子。
在我的生命里,
我多么需要温暖的情感和一颗善良的心,
这些东西我都缺少,
这些我一定要节省,
这一切,上帝的礼物,我希望保存。
我将多么悲伤,
倘若我很快就失去了它们。

即使在随时都可能死去的时候,小女孩仍然执着地去充实她的生命,认真地过好每一天。很多人在绝望中死去,但是这个小女孩并没有绝望,也没有终日哭泣,她用稚嫩的文字给自己弱小的灵魂取暖,用美丽的希望照亮黑暗的角落,她坚信,生命之花要绽放,就要在每一天都展现美丽。终于,小女孩等到了"二战"结束,迎来了生命中的阳光。

有这样的一种花,它的经历让人惊叹!

它生活在非洲的戈壁滩上,花呈四瓣,每瓣自成一色:红、白、黄、蓝。通常,它要花费 5 年的时间来完成根茎的穿插工作,然后,一点点地积蓄养分,在第六年春天,才在地面吐绿绽翠,开出一朵小小的四色鲜花。让人感叹的是这种极难长成的小花,花期并不长,仅仅两天工夫,它便随母株一起香消玉殒了。

孕育生命达 5 年之久,但花期仅有两天!小花并没有抱怨,而是紧紧地抓住了它短暂而宝贵的生命,在仅有的两天时间里骄傲地向世人展示它的美!它像在告诉人们:生命只有一次,所以更要珍惜生命中的每一天,尽现生命之美!

200 多年前俄国军事家苏沃洛夫说:"一分钟决定战斗结局,一小时决定战局胜负;我不是用小时来行动,而是用分钟来行动的。"

人的生命与自然相比,好比是白驹过隙,好比是眨眼的一瞬间。想要让生命这小舟行驶得更远,那就需要充分地利用每一寸光阴。

爱迪生总是提醒助手要爱惜时间,用最少的时间办更多的事情。

一天,爱迪生在实验室里工作,他递给助手一个没上灯口的空玻璃灯泡,说:"你量量灯泡的容量。"他又低头工作了。

过了好半天,他问:"容量多少?"他没听见回答,转头看见助手拿着软尺在测量灯泡的周长、斜度,并拿了测得的数字伏在桌上计算。他说:"时间,时间,怎么费那么多的时间呢?"爱迪生走过来,拿起那个空灯泡,向里面斟满了水,交给助手,说:"把里面的水倒在量杯里,马上告诉我它的容量。"助手立刻读出了数字。

爱迪生说："这是多么容易的测量方法啊，它又准确，又节省时间，你怎么想不到呢？还去算，那岂不是白白地浪费时间吗？"助手的脸红了。

爱迪生喃喃地说："人生太短暂了，太短暂了，要节省时间，多做事情啊！"

正是凭借这种严苛的时间观念，爱迪生一生共完成了2000多项发明，为人类的进步作出了卓越的贡献。

爱迪生的故事告诉我们，很多时候，做事的方法比做事本身更加重要。每人每天都是相同的24个小时而已，不会多出一分，也不会少出一秒，那我们就只能在改善方法、提高做事效率上下功夫了。同样的一份作业，有人花半个小时便可以完成，并且干净整洁、毫无纰漏，有人耗去两三个小时，还错误百出。如此一来，前者花费的时间便比后者多出许多。

要科学地支配时间，我们可以先从摒弃那些含混不清的时间概念做起。诸如"一会儿给你打电话""走了一会儿啦""吸支烟的工夫"，等等。这些表示时间的单位和方法，写小说可以，放在生活中就不适合了。一顿饭可以吃10分钟，也可以吃两小时，甚至更长，用"吃顿饭的时间"来描述时间只会让我们在无意识的状态下错失更多的时间。

同时，一个人的精力是有限的，我们不可能将面对的每件事不分轻重缓急统统做完，如果不能够很好地对一天的时间加以规划，我们很容易就会陷入到劳而无功的情境中去，看似一天到晚都是忙忙碌碌,最后却难有收效,"碌碌无为"说的就是这种情况。

有一篇文章这样写道:

"看,碧绿的大海里,鱼儿在自由自在地遨游;听,蔚蓝的天空下,鸟儿在欢快地鸣唱……啊!世界上最生机盎然的就是生命!正是这一条条鲜活的生命让整个地球也鲜活起来。

"很喜欢一首歌《在我生命中的每一天》,歌里这样唱着:'看时光飞逝,我祈祷明天……'每当听到这首歌,我就感到生命的可贵。每当清晨第一束阳光照射到我的脸庞,我就知道新的一天又开始了。我感谢爸爸、妈妈——是他们给予了我宝贵的生命,是他们让我看到这美丽的地球。我还要感谢爷爷、奶奶,他们的慈爱像阳光一样照亮了我心灵的每一个角落!生命就像一朵娇艳的花,生命之花绚烂夺目,但它也非常脆弱,稍不珍惜就会枯萎,凋零。"

生命的旅途,无论短如小花,还是长如人类,都应当珍惜这仅有一次的生存权利。让生命更精彩,我们理应在有限的时间里,让生命之花绽放得更加绚烂。所以,20多岁的年轻人要吸取生活中的教训,珍惜生命中的每一天。

天大的计划,也要从当下开始

老子在《道德经》中提到:"合抱之木,生于毫末;九层之台,起于垒土;千里之行,始于足下。"意思是说合抱的大树,从细小的树苗长起;九层的高台,是一块块石土垒砌而成的;千里远行,从脚下第一步开始。

万事起于毫末,所有大事都是从小事发展而来的。要想取得大成就,必须从小事情开始;想实现未来"远景",就必须从脚下第一步开始。《读者》中讲述了这样一个故事,其中男孩的经历也许对迷茫的 20 多岁的年轻人有借鉴作用。

一个男孩 19 岁时,在美国某城市的一所大学主修计算机专业,同时在一家科学实验室工作,繁忙的学习与工作让他一天内几乎没有任何空闲,但他仍一有时间便从事他所钟爱的音乐创作。

他酷爱作曲,出于对音乐共同的热爱,他结识了一位与他同龄的作词女孩,也正是这位聪慧的女孩让他在迷茫中找到了事业的起步点。她知道男孩对音乐的执着,但面对那遥远的音乐界及整个美国陌生的唱片市场,他们没有任何渠道和办法。某天,两人静静地坐着,若有所思,但一无所获,他甚至不知道目前的自己应该做些什么。突然间,女孩很严肃地问了这个执着于音乐梦想的男孩一个问题:"想象一下,5 年后的你在做什么?"他愣住了,不知该如何回答。她转过身来,继续给他解释:"你心目中'最希望'5 年后的你在做什么,你那个时候的生活是什么样子的?"

男孩沉思过后,说出了自己的希冀:第一,5 年后他希望能有一张广受欢迎的唱片在市场上发行,并得到大家的肯定;第二,他要住在一个有音乐的地方,天天与一些世界顶级音乐人一起工作。

女孩下面的话对男孩意义重大,她帮助他做了一次时光推算:"如果第五年,你希望有一张唱片在市场上发行,那么,第四年你一定要跟一家唱片公司签上合约。第三年你就一定要有一个完整的作品能够拿给多家唱片公司试听。第二年，一定要有非常出色的作品已经开始录音。这样，第一年，你就必须要把自己所有要准备录音的作品全部编曲，排练就位，做好充分准备。第六个月，就应该把那些没有完成的作品修饰完美，让自己从中逐一筛选，而第一个月就是要把目前手头的这几首曲子完工。因此，第一个星期就是要先列出一个完整的清单，决定哪些曲子需要修改，哪些需要完工。"话说到此，女孩已经让男孩清楚自己当下应该做些什么了。对于男孩的第二个未来畅想，她继续推演："如果第五年你已经与顶级音乐人一起工作了，那么第四年你应该拥有自己的一个工作室。那么，第三年，你必须先跟音乐圈子里的人在一起工作。第二年，你应该在美国的音乐聚集地洛杉矶或者纽约开始自己的音乐旅程。"

男孩在女孩为他进行的这番时光推演中，找到了自己的人生路线，他让未来决定自己当下应该做的事情，把目标一步步分解。第二年，他辞掉了令人羡慕的稳定工作，只身来到洛杉矶。第六年，他过上了当年畅想的生活。

梦想再美好、计划再远大，我们也要脚踏实地一步一步地去实现梦想。

齐瓦勃15岁那年，家中一贫如洗，只受过短暂学校教育的他到一个山村做了马夫。然而，齐瓦勃并没有自暴自弃，他无时无刻不在寻找发展的机遇。3年后，齐瓦勃来到钢铁大王卡内基的一个建筑工地打工。一踏进建筑工地，齐瓦勃就抱定了要做同事中最优秀的人的决心。当其他人在抱怨工作辛苦、薪水低而怠工的时候，齐瓦勃却默默地积累着工作经验，并自学建筑知识。

一天晚上，同伴们在闲聊，唯独齐瓦勃躲在角落里看书。那天恰巧公司经理到工地检查工作，经理看了看齐瓦勃手中的书，又翻开他的笔记本，什么也没说就走了。第二天，公司经理把齐瓦勃叫到办公室，问："你学那些东西干什么？"齐瓦勃说："我想我们公司并不缺少打工者，缺少的是既有工作经验又有专业知识的技术人员或管理者，对吗？"经理点了点头。不久，齐瓦勃就被升任为技师。打工者中，有些人讽刺挖苦齐瓦勃，他回答说："我不光是在为老板打工，更不单纯是为了赚钱，我是在为自己的梦想打工，为自己的远大前途打工。我们只能在业绩中提升自己。我要使自己工作所产生的价值，远远超过所得的薪水，只有这样，我才能得到重用，才能获得机遇！"抱着这样的信念，齐瓦勃一步步升到了总工程师的职位上。25岁那年，齐瓦勃又做了这家建筑公司的总经理。

卡内基的钢铁公司有一个天才的工程师兼合伙人琼斯，在筹建公司最大的布拉德钢铁厂时，他发现了齐瓦勃超人的工作热情和管理才能。当时身为总经理的齐瓦勃，每天都是最早来到建筑工地，当琼斯问齐瓦勃为什么总来这么早的时候，他回答说："只有这样，当有什么急事的时候，才不至于被耽搁。"工厂建好后，琼斯让齐瓦勃做了自己的副手，主管全厂事务。

两年后，琼斯在一次事故中丧生，齐瓦勃便接任了厂长一职。因为齐瓦勃的天才管理艺术及工作态度，布拉德钢铁厂成了卡内基钢铁公司的灵魂。因为有了这个工厂，卡内基才敢说："什么时候我想占领市场，市场就是我的，因为我能造出又便宜又好的钢材。"几年后，齐瓦勃被卡内基任命为钢铁公司的董事长。

齐瓦勃担任董事长的第七年，当时控制着美国铁路命脉的大财阀摩根提出与卡内基联合经营钢铁。开始的时候卡内基没理会，于是摩根放出风声，说如果卡内基拒绝，他就找当时居美国钢铁业第二位的贝斯列赫姆钢铁公司联合。这下卡内基慌了，他知道贝斯列赫姆若与摩根联合，就会对自己的发展构成威胁。

一天，卡内基递给齐瓦勃一份清单，说："按上面的条件，你去与摩根谈联合的事宜。"齐瓦勃接过来看了看，对摩根和贝斯列赫姆公司的情况了如指掌的他微笑着对卡内基说："你有最后的决定权，但我想告诉你，按这些条件去谈，摩根肯定乐于接受，但你将损失一大笔钱。看来你对这件事没有我调查得详细。"经过分析，卡内基承认自己高估了摩根。

卡内基全权委托齐瓦勃与摩根谈判，最后取得了使卡内基占绝对优势的联合条件。摩根感到自己吃了亏，就对齐瓦勃说："既然这样，那就请卡内基明天到我的办公室来签字吧。"齐瓦勃第二天一早就来到了摩根的办公室，向他转达了卡内基的话："从第51号街到华尔街的距离，与从华尔街到第51号街的距离是一样的。"摩根沉吟了半晌说："那我过去好了！"摩根从未屈就到过别人的办公室，但这次他遇到的是全身心投入的齐瓦勃，所以只好低下自己高傲的头颅。后来，齐瓦勃终于建立了大型的伯利恒钢铁公司，并创下了非凡的业绩，真正完成了从一个打工者到创业者的飞跃。

由此可见，再伟大的计划也要从零开始。千里之行，始于足下。

立足实际，不做空想家

一年夏天，美国诗人爱默生接待了一位来自马塞诸塞州的乡下小伙子。小伙子自称是一个诗歌爱好者，从7岁起就开始进行诗歌创作，但由于地处偏僻，一直得不到名师的指点，因仰慕爱默生的大名，所以前来请教。

这位青年诗人虽然出身贫寒，但谈吐优雅、气度不凡。老少两位诗人谈得非常融洽，爱默生对他欣赏有加。临走时，青年诗人留下了薄薄的几页诗稿。爱默生读了这几页诗稿后，认为这位小伙子在文学上很有天赋，经过努力必将前途无量，所以他决定凭借自己在文学界的影响大力提携他。于是爱默生将那些诗稿推荐给当时有名的文学刊物发表，但反响不大。他希望这位青年诗人继续将自己的作品寄给他。于是，两人开始了频繁的书信来往。

青年诗人的信总是长达几页，大谈特谈文学问题，激情洋溢，才思敏捷。爱默生对他的才华大为赞赏，在与友人的交谈中经常提起这位诗人。正是由于爱默生不断地赞赏与推荐，青年诗人很快就在文坛有了一点小小的名气。

但是，这位青年诗人以后再没有给爱默生寄诗稿，信却越写越长，奇思异想层出不穷，言语中开始以著名诗人自居，语气越来越傲慢。爱默生开始感到了不安。凭着对人性的了解，他发现这位年轻人身上出现了一种危险的倾向。但他不忍心伤害年轻诗人，所以通信一直在继续。爱默生的态度却逐渐变得冷淡，成了一个倾听者。

秋天到了。爱默生去信邀请这位青年诗人前来参加一个文学聚会。他如期而至。在这位老作家的书房里，爱默生问小伙子为什么不给他寄诗稿了。小伙子回答说，他正在创作一部长篇史诗，因为他认为自己作为一名大诗人，必须写大作品才可以，还信誓旦旦地说，他的史诗巨著马上就会公之于世。面对小伙子这番狂妄的话语，爱默生无言。

文学聚会上，这位青年诗人大出风头。他逢人便谈他的伟大作品，表现得才华横溢，锋芒咄咄逼人。虽然谁也没有读过他的大作，即便是他那几首由爱默生推荐发表的小诗也很少有人读过，但几乎所有人都认为这位年轻人必将成大器，否则，大作家爱默生怎能如此欣赏他呢？

冬天，青年诗人仍然给爱默生写信，但他不再提起自己的大作品。信越写越短，语气也越来越沮丧，直到有一天，他终于在信中承认，长时间以来他什么都没写，以前所谓的大作品完全是他的空想。

他写道："周围所有的人都认为我是个有才华、有前途的人，我自己也这么认为，所以很久以来我就渴望成为一个大作家。我曾经写过一些诗，并有幸获得了阁下的赞赏，我深感荣幸。

"使我深感苦恼的是，自从获得您的赞赏以后，我再也写不出任何东西了。不知为什么，每当提起笔来，我的脑中便一片空白。在想象中，我感觉自己和历史上的大诗人是并驾齐驱的，包括和尊贵的阁下您，所以必须写出大作品才可以。

"在现实中，我对自己深感鄙弃，因为我浪费了自己的才华，再也写不出作品了。而在想象中，我是个大诗人，我已经写出了传世之作，已经登上了诗歌的王位。

"尊贵的阁下，请您原谅我这个狂妄无知的人……"

对此，爱默生只有无尽的惋惜，却无能为力，他后来再也没有收到这位青年诗人的信。

历史上有多少自称有文学梦想的年轻人最终和这位年轻的诗人一样，有一个宏大的"开场"，结尾却是草草几笔？他用那个"史诗巨制"的梦想之梦欺骗了自己，最终醒来发现一切都太可笑。但也有一些人，没有华丽的梦想，却能一步一步走得很踏实。

罗斯特侥幸进入了巴黎柯丽珑大饭店当侍应生，他知道，观光大饭店，接待的是各国人士，必须有多种语言的能力，才能应付自如。于是，他在工作之余，开始自修英语。3年之后，柯丽珑大饭店要选派几个人到英国实习，罗斯特被录取。

在英国实习一年回来后，罗斯特由侍应生升为了领班。接着，就获得了一个到德国广场大饭店实习的机会。罗斯特到德国后不久，正赶上20世纪30年代的经济不景气，观光客的人数跟着锐减，大饭店的经营非常不容易。他利用广场大饭店过去旅客的资料，动脑筋设计出一些内容不同的信函，分别寄给旅客，使广场大饭店平稳地渡过了这段艰苦的时期。他这些函件，其中有400多封，直到现在还被不少观光业作为招揽客人的范本。

这时候，罗斯特已经具备英、德、法三种语言能力，但一直没有机会去美国看看，于是决定请假自费到美国看一看。经理却决定特准予他公假，以公司名义派他去美国考察，一切费用公司承担。

罗斯特一到美国就去拜见华尔道夫大饭店的总裁柏墨尔，并把经理的亲笔信交给他，请他给自己一个见习的机会，并要求从基层开始做起。

罗斯特真的从擦地板开始做起。罗斯特的做法，竟给他带来了好运。

有一天，华尔道夫的总裁柏墨尔到餐厅部来视察，看到罗斯特正在趴着擦地板。他跟这位来自法国的青年见过一面，印象颇为深刻，见他在擦地板，不禁大为惊讶。

"你不是法国来的罗斯特么？"柏墨尔走过去问。

"是的。"罗斯特站起来说。

"你在柯丽珑不是当副经理吗？怎么还到我们这里擦地板？"

"我想亲自体验一下，美国观光饭店的地板有什么不同。"

"你以前也擦过地板吗？"

"我擦过英国的、德国的、法国的，所以我想尝试一下擦美国地板是什么滋味。"

"是不是有什么不同？"

"这很难解释，"罗斯特沉思着说，"我想，如果不是亲自体会，很难说得明白。"

柏墨尔的眼睛里，突然闪起一道亮光，用力注视了他半天，才说："你等于替我们上了一课，下班后，请到我办公室来一趟。"

这次的相遇，使罗斯特进入了美国的观光事业。自此以后，罗斯特的事业蒸蒸日上，一直干到洲际大饭店的总裁，手下有64家观光大饭店，营业范围扩大到了世界上其他45个国家。

我们都讨厌爱默生遇到的年轻诗人，都欣赏罗斯特这个踏实青年。踏实是一种可贵的品质，可以让人的很多优点和长处都慢慢地展示出来。务实的着眼点是——"实"，即实际。每个人都会有自己的梦想，却很少有人最终能够实现，这是为什么呢？因为他们缺乏务实心态，不能够从实际出发，用行动去实现自己的梦想。

大凡成功者，都具有务实心态，他们不是只有梦想、只做计划、只擅长空谈的人，而是会把梦想和计划付诸行动的人。一旦他们下定了决心，就会马上行动。他们懂得，成功必须依赖行动，像能力、教育和知识这些东西，只有当你已经开始行动的时候，它们才会助你一臂之力。

有人向电子游戏之父诺兰·布歇尔请教有关企业家的成功之道，他这样回答："很多人都有很好的想法，但是只有很少的人会即刻着手付诸实践。不是明天，不是下星期，就在今天。真正的企业家是一位行动者，而不是什么空想家。"

从空想家到行动者的转变过程绝非易事，需要我们付出极大的努力才能实现。

"无知与好高骛远是年轻人最容易犯的两个错误，也是导致他们常常失败的原因。"许许多多的人内心充满梦想与激情，却不能脚踏实地去干。20几岁的年轻人毕业后谋职时，总是盯着高职、高薪，总希望英雄能有用武之地，可一旦他们对工作厌烦时，就会抱怨工作的枯燥与单调，埋怨职业的毫无前途；而当他们遭受挫折与失败时，就会怀疑工作的意义，逐渐地，他们开始轻视自己的工作，并逐渐厌倦生活。

那些有所成就的人士，都具备"老实做人、扎实做事"的心态，都是踏踏实实地从简单的工作开始，通过一些微不足道的小事找到自我发展的平衡点和支撑点，并积极地调整自己的心态，通过持久的努力走出困境，最终迈向了成功的大门。

成功的欲望会让人们的内心浮躁，而宁静可以沉淀出生活中许多纷杂的浮躁，过滤出浅薄粗率等人性的杂质，可以避免许多鲁莽、无聊、荒谬的事情发生。宁静是一种气质、一种修养、一种境界、一种充满内涵的悠远。安之若素，沉默从容，往往要比气急败坏、声嘶力竭更显涵养和理智。

循序渐进，每次只做一件事

有两个年轻女孩在交流自己的工作感受，其中一个说："我明天不想上班了，有一大堆的事情等着我去处理，总是这一件没有做完就有了另一件。现在我都得了电话恐惧症了，一听到办公桌上的电话铃声响了，我整个人都没有办法工作。"

她的好朋友听了，安慰她说："你可以将自己要做的事情写在纸上，做完一件就划去一件，这样试一试。"

第二天，那个因为事情太多而厌恶上班的女孩果然将自己近期要尽快完成的工作都列了出来，竟然写了满满一页A4纸，包括联系客户，询问客户的意见，查询到货情况，列产品清单，制作介绍新产品的PPT……其实，每一件事情都只需要她花上5～30分钟的时间，她越是累积得多越是不想去做，结果也就越觉得自己的事情太多而无从下手。反而是一件一件地去处理，像一点一点擦掉地上的污渍，让她的心情渐渐好起来了，做事情的热情和信心也回来了。

其实，我们的心理都是相似的，事情堆得太多了就会觉得很累，有了一个好的开头，就很容易做下去。而一个好的开头，就是需要你一心一意去做一件事情。

人不能同时尝试着做很多事情，就像不能同时希望自己拥有所有的优点和美德一样。越是想一下子完成很多的事情，越是会内心浮躁，影响完成的速度和质量。

有一位名叫彼得的业务员，是个非常热心的大好人，对同事有求必应。甚至，年轻志大的他，还向老板毛遂自荐。

一开始，体力过人的他尚可应付，但两个月后，他开始吃不消了，开始感到有些力不从心了。3个月后，他每天都顶着晕晕乎乎的脑袋去上班。

半年后，公司公布业绩，他是公认琐事最多的人，而且各项成绩都惨不忍睹，一塌糊涂。

许多人在工作中把自己搞得疲惫不堪，而且效率低下，很大程度上就在于他们没有掌握这个简单的工作方法——一次只能完成一件事。他们总试图让自己具有高效率,而结果却往往适得其反。

如果你真的很忙,想寻找利用时间的办法,你不妨用下面这个办法试试看:你写上明天你必须做的6件要务,依重要性排出先后次序。你做完一件再做第二件,然后依次一件件地做下去,做到你下班为止。

专注于一件事情,看起来很浪费你的才华和能力,但却很容易让你成为某一个领域的专家。

石油大王洛克菲勒年少时,第一份工作是在烈日下帮人锄马铃薯,他的酬劳是每小时4美分。他还帮自己的母亲养过火鸡,也干过农场的苦工。他尝试过很多职业,后来进入了石油公司工作。

他的工作是石油公司最简单的——每天巡视石油罐盖有没有自动焊接好。没办法,他实在是没有任何技能。他每天都要盯着焊接剂自动滴下,环绕油罐盖子一圈后,油罐被自动输送带带走。

这个工作太简单了,对于年轻的洛克菲勒来说,简直是枯燥至极!在他干了不满10天后,他就申请调往别的部门工作,因为他实在厌恶自己的这个岗位。他的申请被驳回,理由很简单,他没有技能可以胜任别的职位。年轻的洛克菲勒非常失望,他想尽快改变自己处境的计划被搁置了。不过,他很快平静下来。在此之前,他干过各种极为平凡和微不足道的工作,这种最初的磨炼使他有了一个良好的心态,那就是做自己应该做的事,并将注意力集中在当前的工作上,放弃所有超过自己能力的期望与幻想,从最简单的工作做起。毕竟,这对他来说也是一种工作乐趣。

当时，石油公司正在推进一项节约计划，经过仔细的观察和研究，洛克菲勒发现，他可以在改进自动焊接机上有所作为。他仔细计算，发现每焊好一个油罐盖子，需要的焊接剂是39滴，而精确运算得出的数字是37滴焊接剂就可以焊好一个盖子。但这只是一个理想状态的数字，要做到节约2滴焊接剂，其实并不容易。

这个发现使洛克菲勒有了工作的兴趣与目标，一种前所未有的热情使他无法停止研究的冲动。他学习所有与此有关的知识，反复试验，想尽办法朝自己的目标迈进。

最终，他设计出了38滴焊接机，也就是说，他的焊接机每焊接一个油罐盖子，可以为公司节约一滴焊接剂。

可别小看这一滴焊接剂，一年下来它可以为石油公司节约500万美元的开销！

当洛克菲勒决定在这微不足道的小事情上有所作为时，他并没有想到要得到主管的称赞，他最初的想法是，这是我应该做的事情。洛克菲勒把他的想法付诸行动，最终取得了成功。

有一位老教授说过他的经历：

"在我多年来的教学实践中，发现有许多在校时资质平凡的学生，他们的成绩大多在中等或中等偏下，没有特殊的天分，有的只是安分守己的诚实性格。这些孩子走上社会参加工作，不爱出风头，默默地奉献。他们平凡无奇，毕业后，老师和同学都不太记得他们的名字和长相。但毕业几年、十几年后，他们却带着成功的事业回来看望老师，而那些原本看来会有美好前程的孩子，却一事无成。这是怎么回事？

"我常与同事一起琢磨，认为成功与在校成绩并没有什么必然的联系，但与踏实的性格密切相关。平凡的人比较务实，比较能自律，所以有许多机会落在这种人身上。平凡的人如果加上勤能补拙的特质，成功之门必定会向他大方地敞开。

"年轻人，不要觉得你自己现在前途无量，一切皆有可能。其实，你最好只选择一条路，踏踏实实地走下去，而且不要三心二意，对别的事情还心有未甘。好好地做一件事情，立志成为那个行业的专家，行家，高人，而不是将自己的青春岁月浪费在一次又一次的跳槽上，这样你到中年的时候，才能真正成为一个'人才'。"

20几岁以后，其实更多的时候，"质"远远比"量"更为重要，与其拿100个50分，还不如得50个100分。尽管它们的和都是5000分，但实际上差别可真是太大了。如果你是公司的管理者，每天做许多事情，却每件事都是马马虎虎，别人看待你充其量不过是个50分的人。相反地，如果你能集中精力，不贪心，一次只做一件事情，并且能把它做得十分完美，那么别人看待你，就会是个"100分的人"。

不逞口舌之快，用事实说话

有的人反应快，口才好，思维敏捷，当在生活或工作中和人有利益或意见冲突时，往往能充分发挥辩才，把对方辩得哑口无言。长此以往，这种人就形成了一个习惯：不管自己有理无理，一用到嘴巴,他绝不会认输,而且也不会输,因为他有本事抓你语言上的漏洞,也会转移战场,四处攻击,让你毫无招架之力。虽然你有理,他无理,但你就是拿他没办法。

在辩论会、谈判桌上,这种人也许是个人才,但在日常生活和工作场合中,这种人反而会吃亏,因为日常生活和工作场合不是辩论场,也不是会议室和谈判桌,你面对的可能是能力强但口才差,或是能力差口才也差的人,你辩赢了前者,并不表示你的观点就是对的,你辩赢了后者,只会凸显你仅仅是个好辩之徒且没有"心机"罢了。

而一般常见的情形是,人们虽然不敢在言语上和你交锋,但大家都心知肚明,反而会同情"辩"输的那个人,你的意见并不一定会得到支持。而且别人因为怕和你在言语上交锋,只好尽量回避你,如果你得理不饶人,把对方"赶尽杀绝",让他没有台阶下,那么你已种下了仇恨的种子,这对你来说绝对不是好事。

有一个保险公司为他们的推销员定了一个规矩:不要争论!完美、有效的推销,不是辩论,也不要类似辩论。因为辩论并不能让人改变想法。

富兰克林常说:"如果你辩论争强,你或许有时获得胜利,但这种胜利是得不偿失的,因为你永远无法得到对方的好感。"

因此,你要好好考虑一下,你想要什么,是只图一时口才表演式的胜利,还是一个人的长期好感。

有好口才不是坏事,但运用不当则会坏事,因此你若有好口才,建议你:

好口才再配上好的"心机",这样的人无疑很有影响力。如果空有好口才而不知收敛，带来的损失无疑是巨大的。20多岁的年轻人不要在嘴上与人争辩，要用行动去赢得胜利。因为把"逗口舌之快"当成一种"快乐"，是做人的悲哀。

长辈们最不喜欢的就是嘴上争强好胜的年轻人，如果你真的想要在别人面前证明自己，那么就用行动证明你自己吧！

积极行动，全力以赴

天下最可悲的一句话就是："我当时真应该那么做，但我却没有那么做。"经常会听到30多岁的人说："如果我20多岁时就开始那笔生意，早就发财了！"一个好创意胎死腹中，真的会让人叹息不已。一个人被生活的困苦折磨久了，如果有了一个想要改变的梦想，那他已经走出了第一步，但是若想看见成功的大海，只走一步又有什么用呢？

英国前首相本杰明·狄斯雷利曾指出，虽然行动不一定能带来令人满意的结果，但不采取行动就绝无满意的结果可言。

因此，如果你想取得成功，就必须先从行动开始。

每天不知会有多少人把自己辛苦得来的新构想取消，因为他们不敢执行。过一段时间以后，这些构想又会回来折磨他们。

因此，如果你想要获得成功，就只有行动起来，这样才能最终摆脱命运的折磨。

曾亲眼目睹两位老友因车祸去世而患上抑郁症的美国男子沃特，

在无休止的暴饮暴食后，体重迅速膨胀到了无法控制的地步，直线逼近200公斤。当逛一次超市就足以让沃特气喘吁吁缓不过劲儿时，沃特意识到自己已经到了绝境。绝望之中的沃特再也无法平静，他决定做点什么。

打开年轻时的相册，里面的自己是一个多么英俊的小伙子啊。深受刺激的沃特决定开始徒步美国的减肥之旅，他迅速收拾好行囊，带着接近200公斤的庞大身躯出发了。穿越了加利福尼亚的山脉，行走了新墨西哥的沙漠，踏过了都市乡村、旷野郊外……整整一年时间，沃特都在路上。他住廉价旅馆，或者就在路边野营。他曾数次遇到危险，一次在新墨西哥州，他险些被一条剧毒的眼镜蛇咬伤，幸亏他及时开枪将之打死。至于小的伤痛简直就是家常便饭，但是他坚持走过了这一年，一年后，他步行到了纽约。

他的事情被媒体曝光后，深深触动了美国人的神经。这个徒步行走、立志减肥的中年男子，被《华盛顿邮报》《纽约时报》等媒体誉为"美国英雄"，他的故事感动了美国。不计其数的美国人成为沃特的支持者，他们从四面八方赶来，为的就是能和这个胖男人一起走上一段路。每到一个地方，就会有沃特的支持者们在那里迎接他。

当他被美国收视率最高的节目之一——《奥普拉·温弗利秀》请到现场时，全场掌声雷动，为这个执着的男人欢呼。出版商邀请他写自传，电视台找他拍摄专辑……更不可思议的是，他的体重成功减掉了50公斤，这是一个多么惊人的数字！

许多美国人称：沃特的故事使他们深受激励，原来只要行动，生活就可以过得如此潇洒。沃特说这一切让他意外："人们都把我看作是一个美国英雄式的人物,但我只是一个普通人,现在我意识到,这是一次精神的旅行,而不仅仅是肉体。"他的个人网站"行走中的胖子"吸引了无数访问者,很多慵懒的胖子开始质疑自己:"沃特可以,为什么我不可以?"

徒步行走这一年,沃特的生活发生了巨变。从一个行动迟缓的胖子到一个堪比"现代阿甘"的传奇式人物,沃特用了一年,他的收获绝不仅仅是减肥成功这么简单。放弃舒适的固有生活,做一种人生的改变,人人都可以做到,但未必人人都愿意行动。所以,最后沃特成功了。

一个人的行为影响他的态度。行动能带来回馈和成就感,也能带来喜悦,通过潜心工作得到自我满足和快乐,这是其他方法不可取代的。如果你想寻找快乐,如果你想发挥潜能,如果你想获得成功,就必须积极行动,全力以赴。

所以,20多岁的年轻人只要付诸行动,没有什么不可以。勇敢行动起来,创造自己生命的奇迹吧!

最有效的行动时机是现在

一个生动而强烈的意象突然闪入脑际,使作家生出一种不可阻遏的冲动——想提起笔来,将其记录下来。但那时他有些不方便,所以没有立刻就写。那个意象不断地在他脑海中活跃、催促,然而他最终没有行动,后来那意象逐渐模糊、暗淡了,直至完全消失!

一个神奇美妙的印象突然闪电般地侵入一位艺术家的心间，但是，他不想立刻提起画笔将那不朽的印象绘在画布上。这个印象占据了他全部的心灵，然而他总是不跑进画室埋首挥毫，最后，这幅神奇的印象也渐渐从他的心间消失了。

像这样有了想法却不行动、一拖再拖的人还有很多。但是，如果想要达成心中的愿望，我们最好从现在就开始行动。

其实，不管是什么事情，最好的行动时机就是现在。今天的想法就由今天来决断，因为明天还有明天的事情、想法和愿望。但是，生活中就有那么一些人，在做事的过程中养成了拖延的习惯，今天的事情不做完，非得留到以后去做。其实，把今日的事情拖到明日去做，是不划算的。有些事情当初做会感到快乐、有趣，如果拖延几个星期再去做，便会感到痛苦、艰辛。而且，时下的经济形势也不容许我们做事拖沓，如果我们把一切事情都拖到明天来完成，那么很快我们就会在工作中被淘汰。

著名作家玛丽亚·埃奇沃斯在自己的文章中写过这么一段有深刻见解的话："如果不趁着一股新鲜劲儿，今天就执行自己的想法，那么，明天也不可能有机会将它们付诸实践；它们或者在你的忙忙碌碌中消散、消失和消亡，或者陷入和迷失在好逸恶劳的泥沼之中。"

常常会有这样的时候：我们深陷在对昨天伤心往事的懊悔中，期待明天会有不一样的艳阳高照，却独独忽视了今天的存在。"将来我要做政府高官，改变大多数人的生活"，"将来的发明肯定能解决现在争论不休的问题"，"将来我会成为世界上最富有的人"……对20几岁的我们来说，过去还不怎么值得回味，展望未来，信口开河又不用负责，成了大家平常的乐事。但事实上，我们除了现在、此刻，一无所有。你以为明天还会和今天一样，但有时候频繁的自然灾害等也给我们小小的提醒：明天并不一定会到来。

1871年春天，一个蒙特端综合医院的医学学生偶然拿起一本书，看到了书上的一句话，就是这句话，改变了这个年轻人的一生。它使这个原来只知道担心自己的期末考试成绩、自己将来的生活何去何从的年轻的医学院学生，最后成为他那一代最有名的医学家。他创建了举世闻名的约翰·霍普金斯学院，被聘为牛津大学医学院的讲座教授，还被英国国王册封为爵士。他死后，他的一生用厚达1466页的两大卷书才记述完。

他就是威廉·奥斯勒爵士，而下面，就是他在1871年看到的由汤冯士·卡莱里所写的那句话："人的一生最重要的不是期望模糊的未来，而是重视手边清楚的现在。"

42年之后，在一个郁金香盛开的温暖的春夜，威廉·奥斯勒爵士在耶鲁大学做了一场演讲。他告诉那些大学生，在别人眼里，曾经当过4年大学教授，写过一本畅销书的他，拥有的应该是"一个特殊的头脑"，可是，他的好朋友们都知道，他其实也是个普通人，他所取得的一切，只是因为他注重了"今天"。

时间并不能像金钱一样让我们随意储存起来，以备不时之需。我们所能使用的只有被给予的那一瞬间——此刻。所谓"今日"，正是"昨日"计划中的"明日"；而这个宝贵的"今日"，不久将消失到遥远的彼方。对于我们每个人来讲，得以生存的只有此刻——过去早已逝去，而未来尚未来临。昨天，是张作废的支票；明天，是尚未兑现的期票；只有今天，才是现金，具有流通的价值。所以，不要老是惦记明天的事，也不要总是懊悔昨天发生的事，把你的精神集中在今天。对于远方将要发生的事，我们无能为力。杞人忧天，对于处理事情毫无帮助。所以记住：你现在就生活在此处此地，而不是遥远的地方。

《圣经》中有这样一句话："不要烦恼明天的事，因为你还有今天的事要烦恼。"这是一句隐含大智慧的话，却不是容易做到的事。很多男人努力赚钱养家，心想赚足够多的钱让家人生活得更好，后来发现钱永远赚不够，家人也没了。因为家人拥有无数个凄凉孤单的现在，所以决定去追求自己当下的快乐。

如果你感到不安、恐惧，过多的思考只能增加你的这种不安感。行动起来，你会发现原来并没有什么可怕的。但又有人问：何时行动是最好的呢？回答就是现在！现在就行动！

其实，人不仅要在现在行动，也只能选择在现在行动。

一个人不可能丧失过去和未来，一个人没有的东西，有什么人能从他那里夺走呢？唯一能从人那里夺走的只是现在。任何人失去的不是什么别的生活，而只是他现在所过的生活；任何人所过的也不是什么别的生活，而只是他现在所过的生活。最长的和最短的生命就如此成为同一。

这是一个哲学式的分析，我们可以还原到生活中来理解。

生活中常有这种事情：来到眼前的往往轻易放过，远在天边的却又苦苦追求；占有它时感到平淡无味，失去它时方觉可贵。可悲的是，这种事情经常发生，我们却依然觊觎那些"得不到"的，跌入这种"得不到的总是最好的"的陷阱中，从而遗失了我们身边的宝贝。

让我们重温《钢铁是怎样炼成的》当中那段名言：

"人最宝贵的东西是生命，生命对于人只有一次。一个人的生命是应该这样度过的：当他回首往事的时候，他不会因虚度年华而悔恨，也不会因碌碌无为而羞耻。这样在临死的时候，他才能够说：'我的生命和全部的经历，都献给世界上最壮丽的事业——为人类的解放而斗争。'"

我们也许可以不必在乎周围的一切，但是必须珍惜现在拥有的一切，好的、不好的；令人欢喜的，令人忧愁的。少些许遗憾，多几分坦然，即使有朝一日你将失去，那么你也会无怨无悔地说：我曾珍惜了我所拥有的。

抓住了"此刻"，就是给自己一个良好的重新开始的机会。而之后的每一个"此刻"你都能抓住；放弃了现在，就像倒下了一个多米诺骨牌，之后的无数个"现在"也会被卷进来耗损掉。20多岁的年轻人，好好把握现在吧！

第九章
跳不出思维的墙,忙来忙去都瞎忙

要抒写自己梦想的人,必须保持高度的清醒。然而对于很多20几岁的青年来说,最大的困难就在于清楚自己内心的想法,或者很多时候就是根本没有想法。"当你没有目标,任何方向的风对你来说都是逆风。"这是一个船长的经验,更是一种智慧的人生经验。要想让自己的人生完全掌握在自己手中,你就必须学会思考,找到自己的定位。

智慧源于思考

如今世界发展迅猛，各种新鲜事物如雨后春笋般不断涌现。这让我们的生活丰富多彩，同时也导致我们要不断应付那些随之而来的问题。要灵活巧妙地解决这些层出不穷、花样百出的难题，智慧是最有效的武器。而思考是获得智慧的唯一途径，"数字化教父"尼葛洛·庞蒂说的"我不做具体研究工作，只是在思考"说明了思考的重要性，思考往往能让复杂的问题变得简单。

一位退休老人在哈佛大学附近买了一栋简朴的住宅，打算在那儿安度晚年。但问题出现了，老人住的地方本来是很安静的，可不知从什么时候开始，有3个年轻人在附近踢垃圾桶。除了这些垃圾桶身遭厄运之外，附近居民的耳朵也因此备受折磨。为了从这刺耳的噪声中解脱出来，附近的居民采取了各种各样的办法来试图阻止他们的恶作剧。不管是晓之以理、动之以情，还是简单粗暴、威逼吓唬，一直都不管用，等到人们一离开，年轻人又开始踢了。邻居们实在是无计可施，也只好听之任之，只有咬着牙忍耐了。

年轻人能忍耐，这位老人却忍耐不了他们制造的噪声，再这样下去将会危及老人的健康。为了改善目前的状况，老人决定出去跟年轻人谈判："你们几个一定玩得很开心，我年轻的时候也常常做这样的事情。我非常怀念这些，所以你们能不能帮我一个忙？如果你们每天来踢这些垃圾桶，我将每天给你们1元钱。"这3个年轻人很惊讶，想不到天底下还有这样的好事，于是欣然接受，打算将自己的热情全部发挥到踢垃圾桶的事业上来。刚开始几天，他们卖力地踢所有的垃圾桶，老人也履行着他们之间的约定，每天给他们1元钱。

几天后，这位老人愁容满面地找到3位年轻人。"通货膨胀减少了我的收入，"他说，"从现在起，我每天只能给你们每个人5毛钱了。"这3个年轻人有点不满意，但还是接受了，每天继续踢着垃圾桶，可是却没有以前那么"兢兢业业"了。又过了几天，老人又找到他们几个。"我最近没有收到养老金支票，所以每天只能给你们2角5分了，成吗？"老人又一次开口了。"只有2角5分！"一个年轻人大叫道，"你以为我们会为了区区2角5分钱浪费时间，在这里踢垃圾桶？不行，我们不干了！"从此以后，附近的居民又过上了安静的日子。

附近居民们费劲心力都没能解决的问题，这位老人只是略施小计就给摆平了。很显然，这"略施小计"正是老人思考后采取的行动。有时候简单直接的方式不能解决的问题，不妨停下来先思考一下，思考分析过后再做出决策，往往能收到事半功倍的效果。

遇到了难题，听之任之当然找不到解决问题的办法。只有不断地思考，才能找到最优的解决方案。

一位曾就读于哈佛经济学专业的大富豪走进一家银行。"请问先生，您有什么事情需要我们效劳吗？"贷款部营业员一边小心地询问,一边上下打量着来人的穿着:名贵的西服、高档的皮鞋、昂贵的手表,还有镶宝石的领带夹子……

富豪开口说:"我想借点钱。"虽然有些吃惊,但营业员还是回答说:"完全可以,您想借多少呢?"富豪回答说:"1美元。""只借1美元?"贷款部的营业员更觉得惊讶了。"我只需要1美元,可以吗?"贷款部营业员的脑子立刻高速运转起来,这人穿戴如此阔气,为什么只借1美元?他是在试探我们的工作质量和服务效率吧?于是营业员便装出高兴的样子说:"当然,只要有担保,无论借多少,我们都可以照办。""好吧。"富豪从豪华的皮包里取出一大堆股票、债券等放在柜台上,"这些做担保可以吗?"营业员清点了一下:"先生,总共50万美元,做担保足够了。不过先生,您真的只借1美元吗?""是的,我只需要1美元。有问题吗?"富豪仍然如此说道。"好吧,请办理手续,年息为6%,只要您付6%的利息,且在一年后归还贷款,我们就把这些做担保的股票和证券还给您……"

一直在一边旁观的银行经理怎么也弄不明白,一个拥有50万美元的人,怎么会跑到银行来借1美元呢?富豪办完手续正打算走,银行经理追了上去:"先生,对不起,能问您一个问题吗?"富豪欣然同意:"当然可以。"经理问道:"我是这家银行的经理,我实在弄不懂,您拥有50万美元的家当,为什么只借1美元呢?"富豪说:"好吧!我告诉你原因,我来这里办一件事,随身携带这些票券很不方便,问过几家金库,要租他们的保险箱租金都很昂贵,一年要花费几百美元。所以我就到贵行将这些东西以担保的形式寄存了,由你们替我保管,况且利息很低,存一年才不过6美分……"经理如梦方醒,但他十分钦佩这位先生，这个富豪的做法实在太高明了。

将这些价值50万美元的股票、债券放在身边不方便，放在一家金库的保险柜里会很安全，可是保险柜租金太昂贵了。也许会有人将就一下就算了，认为比起50万美元价值的股票和债券的安全，几百美元的租金算不上什么。可善于思考的这位富翁不这么认为，他认为肯定会有更好的解决办法，于是就有了以上在银行发生的这一幕——富翁只用了6美分就妥善安置了他50万美元的家当。也许善于思考才是这位富翁之所以成为富翁的原因吧。

巴尔扎克说："一个能思考的人，才真正是一个力量无穷的人。"因为思考，我们才能获得解决难题的智慧，才真正成为一个力量无穷的人。

思考是获取智慧的唯一途径，只要我们善于思考，智慧就属于我们每一个人。

思考创造奇迹

毕业生总是抱怨社会"歧视"他们没有经验，的确，不给第一次机会，谁都是没有经验的人。但是毕业生也应该反省，为什么老板对毕业生不放心，其中很重要的一点就是：有些刚毕业的人不爱思考，做什么事情都"等、靠、要"。

放弃思考，就是放弃发挥自己价值的机会。牛顿说："思索，持续不断地思索，以待天曙，渐渐地见得光明。如果说我对世界有些许贡献，那不是由于别的，只是由于我的辛勤耐久的思索所致。"他甚至这样评价思考："我的成功当归功于精心的思索。"成功来自不断地思考。

毕业以后，许多人把思考的习惯伴随着课本一起扔在了行李箱里，却不知道社会上更需要思考。假如你是公司领导，有两个职员：一个人每天都是机械式地安排你交给他的任务，完成得中规中矩，没有突破；而另一个不但完成你给他的任务，还总是给你提出很多你自己没有想到的好点子，你会喜欢哪一个员工？答案不言而喻。

领导当然会喜欢一个善于思考的人，如果只是可以完成交给他的任务，那还不如去找一个机器人。行走在社会中，有一点要知道：唯有思考才能开发出智慧的潜能，才能打开才智的大门。

勤于思考是成功者身上一项重要的素质。思考能带来命运的转机，不肯思考的人很容易停滞不前。"书读得多而不加思考，你就会觉得你知道得很多；而当你读书又思考很多的时候，你就会清楚地看到你知道得还很少。"这是哲学家伏尔泰的感悟。"学习知识要善于思考、思考、再思考，我就是靠这个学习方法成为科学家的。"爱因斯坦如是说。

将一半时间用于思考，一半时间用于行动，无疑是人才的成功之道。不懂得运用思考这一"才能钻机"的人，是难以挖掘出丰富的智慧矿藏的；不善于思考的人，就不能举一反三，触类旁通，也难以享受到创新的乐趣。赢得一切、拥抱成功的关键，在于你能不能积极地思考，持续地思考，科学地思考。

在工作中，要战胜困难，达到理想的效果，深思熟虑是不可缺少的条件。在科学、艺术创造中,在规划方案、产品设计、经营运筹中,在理论体系的构筑中,思考是不可替代的。世界上一切革新、发明、创意、主张,都是思考的产物。科学的思考,创造了五彩斑斓的世界,推进了文明的演进。

长时期的持续思考能创造奇迹。睡梦也是思考的延续,有时甚至在梦中都会有所得。在科学史上,这种"奇迹"比比皆是,缝纫机的发明即是一例。

当时,埃利阿斯·豪将全部财富投资于缝纫机的发明,但这个项目的最后的问题,即缝纫机针的针孔应设在什么部位,成了一个关键点。他千思万虑,都得不到确切的结果。有一次,在睡梦中,他梦见有一群野人在他周围唱歌、跳舞,蛮族王下令他必须在24小时内制成缝纫机,若是超过规定时间,就将他放进大锅煮熟让大家分食。他为此烦恼万分。突然,他发现野人手中的长矛,在尖刺上有个孔。他终于找到了答案。他惊醒时,是夜里3点钟。于是,他急忙起床,赶到工作室。借助梦中得到的启示,完成了世界上第一台缝纫机的设计。

正因为思考具有的神奇魅力,因而人们才十分重视对思维能力的开发,对思想的力量百般倾心。

高尔基曾热忱鼓励人们进行认真思考,让思想自由腾飞。他深情地讴歌"思想的力量",指出:"这思想时而迅如闪电,时而静若寒剑。""只有思想是他的女友,他唯独同她永不分手,只有思想的光焰才能照亮他路上遇到的障碍,揭示人生的谜,揭开大自然的重重奥秘,解除他心中漆黑一团的混乱。""思想是人的自由的女友,她到处用锐利的目光观察一切,并毫不留情地阐明一切。""思想把动物造就成人，创造了神灵，还创造了哲学体系以及揭示世界之谜的钥匙——科学。"

唯有思考才能开发出智慧的潜能，才能打开才智的大门。当今，人类知识总量已超过以往一切时代的总和，全部科学知识的 3/4 是 20 世纪 50 年代以后发现的。"知识爆炸"的态势警策我们，光会积累知识，即使皓首穷经，充其量只不过是一个双脚书橱，难有大作为。而思维能力强的人，却能再造知识，开发智能，将知识转化为现实的生产力。

20 几岁的你现在缺少的就是经验，所以你必须想办法弥补这个短板，那就只能尽量用理性的头脑去面对问题，遇到任何事情，都把它当成是自己大展身手的好机会，给以你思考之后的最佳方案，尽早扔掉"没头脑"的标签。

突破思维定式才有出路

有时候我们对一个问题束手无策，并不是因为这个问题太难了，也不是因为我们没有能力，相反是我们陷入了思维定式。

也许你从高中起，就开始背关于创新的大段理论，后来上了大学，你渐渐明白：原来学习那些曾经让你头大的理论是因为我们的时代正处于创新的时代，而我们正是这个时代的弄潮儿。然后参加了工作，你发现创新无处不在。可是会背理论不代表你就已经是个很有创意的人，审视自己：你可以突破定式，勇于创新吗？

有一个男孩在报上看到招聘启事，上面所登的正好是他喜欢的工作。第二天早上，当他准时前往应征地点时，发现应征队伍中已有 20 个男孩在排队。男孩意识到自己处于劣势，如果在他前面有一个人能够打动老板，他就没有希望得到这份工作了。他认为自己应该动动脑筋，运用自身的智慧想办法解决这个困难。

他拿出一张纸，写了几行字，然后走出行列，并要求后面的男孩为他保留位子。他走到负责招聘的女秘书面前，很有礼貌地说："小姐，麻烦你把这张纸交给老板，这件事很重要。谢谢你！"

若在平时，秘书会很自然地回绝这个请求。但是今天她没有这么做，因为她已经观察这些男孩一段时间了，应聘的人有的表现出心浮气躁，有的则冷漠高傲，而这个男孩一直神情愉悦、态度温和、礼貌有加，给她留下了深刻的印象。于是，她决定帮助他，便将字条交给了老板。

老板打开字条，上面写着："先生，我是排在第 21 号的男孩。在见到我之前请您不要作出任何决定，好吗？"

最后的结果可想而知，任何一位老板都会喜欢这种在遇到困难时开动脑筋，积极寻找解决办法的员工。他已经有能力在短时间内抓住问题的核心，想办法转变自己的劣势，然后全力解决它，并尽力做好。这样聪明的员工，老板怎么会不用呢？

创新可以让你成为不可替代的人。也许你的经历不是最多的，经验不是最丰富的，技术不是最熟练的，但是你的创新能力是价值非凡的，它所创造的价值将使你本身存在的弱势不会成为阻碍你前进的绊脚石。

陷入思维定式，要想再突破就非常困难了。要看得更远，一定别让自己设定的"常识"给禁锢了思想，打开思维才能做得更好。

"一个聪明人的头脑价值连城！"这是美国著名小说家欧·亨利的话。的确，头脑的力量是无穷的。重要的是你要去发掘。我们太多人自恃能力、知识、经验，给自己定义什么是"常识""常规"，无形当中就把自己禁锢在这些"常识""常规"之下，自然就不会想到突破。能力、知识、经验只是对以往事物的体会，可以作为参考，但决不能作为行为准则。

独立思考，不做他人思想的附庸

没有独立思考能力的人，将永远被他人的意见和价值观左右，更没有自己闪光的思想和新颖的创意。鹦鹉学舌似的人云亦云只能是别人的附庸和"传道者"。

爱因斯坦非常重视独立思考，他说："高等教育必须重视培养学生具备会思考、懂探索的本领。人们解决世上所有问题用的是大脑的思维本领，而不是照搬书本。"

同样，我们也需要在奋斗路程中，用自己的思想进行摸索，有了对事物的独立思考，才会有更深刻的了解，才更能进行发挥创造。

有一位擅长画猫的画家，画技高超，其笔下的猫栩栩如生，人送绰号"猫王"。老鼠见了他画的猫都落荒而逃，以至于许多人把他的画买回家去驱鼠。不过，这位"猫王"画家的性格比较古怪，一生只带了两个徒弟——孙超和王品。

一天，画家把二徒弟王品叫到跟前说："你可以出师了，你不但学到了我画猫的全部技巧，而且在很多方面超过了我。"二徒弟王品说什么也不愿意离开师父，但画家态度坚决，王品只好含泪辞别了师父。大徒弟孙超见此，便心急如焚地找到画家说："师父，我也要出师，你为什么只让师弟出师呢？要知道我比他还早来半年呀！""猫王"画家非常严肃地说："的确，你跟我学画的时间比他长一点，但是，你恐怕永远也出不了师了。"大徒弟孙超心有不甘地问道："为什么？""你跟我学画，只知模仿，却没有任何创新，也就是说，你在用手画画。而你师弟呢，则是在用脑子画画，他画的猫在很多细节方面已超过了我。你的基本功虽然很扎实，但不善于思考，不善于用脑，这就是你永远出不了师，也永远无法超越你师弟的原因。"大徒弟孙超听后，不服气地走了。若干年后，大徒弟孙超画的猫在市场上无人问津，而二徒弟王品则成了远近闻名的"猫神"。人们都说他画猫的本领已超过了他师父。

不加入自己思考的模仿注定被遗弃，孙超一味地模仿师父的画法，丝毫没有自己的想法，怎么可能有所突破呢！没有自己独立的思想，就只能活在别人的阴影之下。只有对事物有真正的认识和见解，才能有所成就。

德川家康从来都不是一个顽固不化的人，他善于模仿，但不仅仅是模仿，他能从中加入自己的独到见解。他埋首研究甲州军事、武田信玄的用人之道，也从织田信长处学习到风格迥异的战术策略以及管理财政经济的方法窍门；德川家康从对垒的实战中，模仿两位名将的领导哲学和用兵策略，融入自己在战场上领悟到的谋略，尔后在小牧长久手一役大败敌军，开创出具有王者之风的兵法。他的作风，对后来日本的民族性与传统精神，有极深远的影响。

纵观日本历史，藤原氏、平氏、足利氏的开国首领都是了不起的将军，但是后世子孙被京都浮华的生活侵染，危机意识和战斗力都大不如从前。只有源赖朝在镰仓建立的幕府，具有质实刚健的风气，因而深受德川家康的尊敬。德川家康一直到死都对记录源赖朝治绩的日本编年体史《东鉴》(也称《吾妻镜》)一书爱不释手，他经常和林道春一起讨论这本书，还专门批注，令林道春写下了《东鉴纲要》一书。

曾有人记载了德川家康的军阵："由铁炮队、弓队、枪队组成的秀忠行列，从早上8时到下午6时接连不断。"这样盛大的行列，是德川家康读了《东鉴》，参照昔日源赖朝的方式做的。源赖朝为人质朴，他在镰仓建立政权之后，手下的镰仓武士也同样具有质朴刚健的风骨，这一点极大地影响了德川家康，并为他建立江户幕府提供了有力的参考。

有一次，德川家康谈论有关行军布阵的时候说："现在的阵形布置方法是铁炮队在最前，接着是弓队，再后面是骑马队，将这作为固定不变的方法并不理智。今后还是将铁炮和弓放在前面，骑马队在后，但枪队是紧接在后还是守卫左右两翼，要随机应变。在枪队中要设指挥者，根据他的命令来行动。"这套军事战略在当时被认为很是新颖，这是在继承镰仓公的战斗方式的基础上，又加入德川家康自己独到见解的一种创新。

不仅在作战上他注意向前人学习，在政治制度上，他改变了以往的幕府制度，让将军的实力更加牢固。德川家康将大名分为谱代和外样，谱代大名都是一些自三河时期起的家臣，是与德川家康生死与共、为德川家康夺得天下立下彪炳战功的人；外样大名则是丰臣氏时期权势较大的大名。他将领地和丰厚的俸禄赐给了外样大名，但不授予与幕府政治密切相关的职位，如老中、若年寄等。谱代大名没有很高的俸禄，却在政治上被授予要务。这样一来，即使有心要反抗德川家康，那些外样大名没有权力，有权力的谱代大名则没有足够的金钱和兵力。对于外样大名，德川家康丝毫没有放松警惕，一直将他们作为假想敌，于是产生了这样对待大名的方针：他将外样大名置于离江户较远的地方，不仅如此，还必定在外样大名的领地附近设立谱代大名或是忠心耿耿、比较可靠的大名，随时保持监视。一系列的新政策，保证了德川氏的天下不会轻易出现兴风作浪的人。德川家康在战国时代取得了最后的成功，并开创了日本300年的和平时代。

没有一个人只靠一味地模仿他人就能成就大业，只有在模仿的基础上加入自己的见解才有可能有所作为。

别人的经验是值得我们借鉴和学习的，别人的意见也是有可取之处的。但是我们不能把这些奉为"金科玉律"，不敢越雷池一步。20几岁的年轻人，要在学习模仿别人的时候或者在询问别人的意见之前，自己要先静下心来认真思考。

质疑是最好的思考方式

孔子说:"不曰如之何如之何者,吾未如之何也已矣!"遇到事情不去想怎么办的人,就连孔圣人拿他也没办法。遇到事情善于思考、质疑,常想想自己如何解决,自己的思考能力定会大有提升。19世纪美国著名诗人及文艺批评家洛威尔曾经说过:"真知灼见,首先来自多思善疑。"

1921年,印度科学家拉曼在英国皇家学会上做了关于声学与光学的研究报告,报告结束后,取道地中海乘船回国。甲板上漫步的人群中,一对印度母子的对话引起了拉曼的注意。小男孩问妈妈:"妈妈,这个大海叫什么名字?"母亲回答:"地中海!"小男孩又问:"为什么叫地中海?"母亲耐心地解释说:"因为它在欧亚大陆和非洲大陆之间,所以被称为地中海。"小男孩继而又好奇地问:"那它为什么是蓝色的?"年轻的母亲一时语塞,求助的目光正好遇上了一旁饶有兴致正在倾听他们谈话的拉曼。拉曼告诉小男孩说:"海水之所以是蓝色的,是因为它反射了天空的颜色。"在此之前,几乎所有的人都认可这一解释。这一解释是出自英国物理学家瑞利勋爵,这位以发现惰性气体而闻名于世的大科学家,曾用太阳光被大气分子散射的理论解释过天空的颜色,并由此推断,海水的蓝色是反射了天空的颜色所致。

但不知为什么,在告别了那一对母子之后,拉曼总对自己的解释心存疑惑,那个充满好奇心的稚童,那双求知的大眼睛,那些源源不断涌现出来的"为什么",使拉曼深感愧疚。作为一名很有职业素养的科学家,他发现自己在不知不觉中丧失了小男孩那种到所有的"已知"中去追求"未知"的好奇心,不禁为之一震!拉曼回到加尔各答后,立即着手研究海水为什么是蓝色的,发现瑞利的解释实验证据不足,令人难以信服,因此决定重新进行研究。他从光线散射与水分子相互作用入手,运用爱因斯坦等人的涨落理论,获得了光线穿过净水、冰块及其他材料时散射现象的充分数据,证明出水分子对光线的散射使海水显出蓝色的机理,与大气分子散射太阳光而使天空呈现蓝色的机理完全相同。进而又在固体、液体和气体中,分别发现了一种普遍存在的光散射效应,被人们统称为"拉曼效应",为20世纪初科学界最终接受光的粒子性学说提供了有力的证据。

1930年,地中海轮船上那个小男孩的问号,把拉曼领上了诺贝尔物理学奖的奖台,成为印度也是亚洲历史上第一个获得此项殊荣的科学家。在男孩好奇心的帮助下,拉曼找回了对"已知"的质疑。

对一件事物过于肯定,等于在一开始就给自己的思想加上了一套"刑具",限制了思想的发展。对于被认为是"已知"但我们却不知道真正原因的事物(比如海水为什么看起来是蓝色的),我们就是要发扬"打破砂锅问到底"的精神,敢于质疑,敢于追问。

爱因斯坦曾经这样评价自己:"我没有什么特别的才能,不过喜欢寻根究底地追问问题罢了。"爱因斯坦凭着超人的智慧和充满疑问的思考才取得非凡的成就,为人类做出了重大的贡献。凡是有所成就的人,都有一个喜欢追问问题的脑袋。大发明家爱迪生也是如此。

有一天，爱迪生在路上碰见一个朋友，看见朋友的手指关节肿了。爱迪生问："手指关节为什么会肿呢？"朋友回答："我还不知道真实的原因是什么。"爱迪生继续问道："为什么你不知道？医生知道吗？"看来这并不是出于关心。朋友回答说："每个医生说的原因都不同，不过多半的医生都认为这是痛风症。"又有新问题出现了。爱迪生问："什么是痛风症呢？"朋友："他们告诉我说，这是尿酸积淤在骨节里造成的。"爱迪生说："既然如此，他们为什么不从你骨节中取出尿酸来呢？"朋友有点无奈地说："他们不知道如何取。"这时的情形好像一块红布在一只斗牛面前摇晃一样。"为什么他们会不知道如何取呢？"爱迪生有点生气地问着。朋友说："因为尿酸是不能溶解的。""我不相信。"这位世界闻名的科学家回答着。

爱迪生回到实验室里，立刻开始试验尿酸到底是否能溶解。他排好一列试管，每支管内都注入1/4管不同的化学试剂，每种试剂中都放入数颗尿酸结晶。两天之后，他看见有两种液体中的尿酸结晶已经溶化了。于是，这位发明家有了新的发现问世，这个发现也很快地被传播出去。现在这两种试剂中的一种，在医治痛风症中普遍被采用。

"学贵有疑""学则须疑"，对于不甚明白的问题，我们就是要不断地提出疑问，在疑问中才能进步。提问是获取知识的重要途径，所以我们要积极地思考、主动地提问。学会提问，须经历一个从敢问到善问的过程。有疑而问，由问而思，有利于培养自己的创新精神和创造能力；相反，如果不求甚解，对什么事情都提不出问题，对所有事情都一知半解，说明学习和思考都还不够深入，那么对自身能力的培养来说就是一种损失。

培根有一句名言:"如果你从肯定开始,必将以问题告终;如果从问题开始,则将以肯定结束。"因此,要想得到一个满意的结果,首先要做一个善疑多思的人。

不走寻常路

古语有云:"穷则变,变则通。"当发展穷困窘迫时,不妨试着改变吧。不断地变革创新,就会充满青春活力。虽然资源有限,但创造力是无穷的。

一家减肥中心自从开张以来没有一个顾客光临,在资金不足的情况下,又不能像大型减肥美容公司一样做大规模的电视、报纸广告。眼看着每日如流水般的各项支出,却见不着有多少进账可以平衡这些开销,入不敷出,女老板急得团团转。不行,不能再这样下去了,一定要改变。经过一番思考后,一个念头出现在了她的脑海里。隔了两个星期,报纸上登了一则小广告:"在本减肥中心的大门口,您绝对见不到一个胖子走出来,如发现有胖子由大门走出者,将获得由本减肥中心赠送的10万元奖金。"

这广告不仅登在报纸上,而且还被打印在宣传单上四处散发。这个奇特的广告吸引了许多不明真相的群众围观。人们发现,每天从减肥中心大门走出来的果然都是瘦人,见不到一个胖子。胖子们心里就活动开了:如果我一进去,再马上出来的话,看你有什么话说。但是即使有胖子故意这般找碴儿，还是不见一个胖子由大门出来，这是怎么回事呢？原来，女老板把大门改装成两个不同的出入口。从外面看起来，这两个出入口的大小形状都一样，可是，她特别在出口的内层，加装了两道很粗的钢管，人必须侧身由这两道钢管的中间通过，才能抵达大门的出口处。两道钢管中间的空隙只容得下一个侧过身的瘦子穿过去。

那么胖子怎么办呢？当然只能由减肥中心后面的小门走出去！人们在门口看不到胖子，必定好奇地进入中心，当他想出来时，能走出来的瘦子自然得意，而必须走后门的那些富态一点的人一定愧疚地想："哇！不得了，我被列入胖子群，该减肥了！"于是就不由自主地坐下来听宣传人员的解说，从此减肥中心的顾客便多得应接不暇。

如果说在创新尚属于人类个体或群体中的个别杰出表现时，人们循规蹈矩的生存姿态尚可为时代所容。那么，在创新将成为人类赖以进行生存竞争的不可或缺的素质时，依然采用一种循规蹈矩的生存姿态，则无异于一种自我溃败。

英国GKN公司始创于工业革命开始时期，到19世纪末，发展成为世界最大的钢铁企业之一。但是，随着钢铁工业的国有化，GKN公司失去了主要支柱产业，只剩下一个空壳。GKN未来何去何从？围绕着GKN的前途问题，公司的高层管理人员争论不休。霍尔兹沃恩当时在GKN公司内任会计师，有幸参与了这场争论。在经过缜密的调查后，霍尔兹沃恩谨慎地向GKN公司董事会呈交了一份有关公司发展前途的战略报告。按照霍尔兹沃恩的报告得出的结论：GKN公司将不再是一个钢铁集团公司，因此，公司应立即转向开发新产品。但是，GKN公司刚刚创建了一家年产600万吨钢管的钢管厂，如果采纳霍尔兹沃恩的建议，钢管厂将被取缔，所有投资都将化为乌有；再者，霍尔兹沃恩不过是一名微不足道的会计师。在权衡"利弊"之后，GKN公司的决策集团放弃了霍尔兹沃恩的建议，仍按既定方针推进钢管厂的生产。

不出乎意料，历史的进展完全证实了霍尔兹沃恩的战略预测。仅仅过了两年，GKN公司的钢管厂就陷于困境，不得不停止生产。董事们在焦头烂额之际才想起了霍尔兹沃恩，于是破格把他提升为公司的副总裁兼常务经理，霍尔兹沃恩上任后就着手公司转向的工作。他买下比尔菲尔德公司，将该公司生产的一种新型产品投入欧洲和北美市场，又开发出一种廉价的运输机，使产品畅销全世界。GKN公司面貌顿时焕然一新。不久，霍尔兹沃恩又研制出新型战斗机"勇士"号，一举占领了英国军用机生产市场，为GKN公司带来了巨大的利润。

1980年，霍尔兹沃恩因业绩非凡而被公司任命为董事长。这时，英国的钢铁工业陷入一团糟的窘境，GKN公司也因此受到冲击，面临新的严峻考验。面对新形势，霍尔兹沃恩的同行们都认为这是工人罢工造成的，霍尔兹沃恩在收集了各方面的资料进行研究后提出了一个与之前完全不同的观点：这是英国工业衰退的先兆，更大的衰败即将来临。

霍尔兹沃恩毫不犹豫地采取措施改变公司的产业结构。他先后卖掉了公司在澳大利亚的钢铁业股权和英国的传统机械公司，同时在法国、美国和英国本土创办了5家新公司。对霍尔兹沃恩的大胆举措，许多董事提出质疑。霍尔兹沃恩不为所动，坚持"我行我素"。不久，英国工业的全面衰败果然来临，GKN公司因早有准备，使损失降到了最低，而其他公司则纷纷倒闭。人们无不为霍尔兹沃恩的高瞻远瞩和果断举措而赞叹。如今，GKN公司已成为全世界开发复杂新型机械产品和应用最新技术的领头羊，霍尔兹沃恩也成为一位举世公认的企业战略家，成为英国工业界的骄傲。

霍尔兹沃恩作出产品转向和产业结构调整的两项改变，在严峻形势下挽救了GKN公司。面对窘境，最好的出路就是改变、创新。

20几岁的年轻人要想开辟一个全新的事业领域，很重要的一点，就是不要按照常规出牌，给自己找一个全新的"蓝海"去参与竞争。

要事第一，优先解决主要问题

相信你一定见过这样的孩子：吃饭挑食，对人没有礼貌，不爱学习，他不愿意分享自己的东西，一旦有想要的东西就一定要弄到手……如果家里有这样的孩子，而父母们只是想着他不爱吃饭就强迫他吃饭，他不愿意分享东西就抢走他手里的东西给别人，这样的解决办法只会一时奏效，孩子不出几天又会出现很多的问题。而如果父母能够想一想孩子究竟在根源上出了什么问题，比如同情心、自我意识等方面是不是有待引导，从这个方面入手，就能一并解决孩子的很多问题。这就是"要事第一"的高效处理方式。

思想如钻子，必须集中在一点钻下去才有力量。我们每天都会面对很多的问题，一种是重要的，另一种是不重要的。集中思考重要的事情，才更有力量，也才能让你在有限的时间里面处理最重要的问题，这样，你的问题就会越来越少。

卡尔森是一个具有重点思维习惯的人。他1968年加入温雷索尔旅游公司从事市场调研工作，3年以后，北欧航联出资买下了这家公司，卡尔森先后担任了市场调研部主管和公司部经理。由于他熟悉了业务，并且善于解决经营中的主要问题，使得这家旅游机构发展成瑞典第一流的旅游公司。卡尔森的经营才能得到了北欧航联的高度重视，他们决定对卡尔森进一步委以重任。

航联下属的瑞典国内民航公司购置了一批喷气式客机，由于经营不善，连年亏损，到最后就连购机款也偿还不起。1978年，卡尔森调任该公司的总经理。担任新职的卡尔森充分发挥了擅长重点思维的才干，他上任不久，就抓住了公司经营中的问题症结：国内民航公司所订的收费标准是否合理，早晚高峰时间的票价和中午空闲时间的票价是否一样。

卡尔森将正午班机的票价削减一半以上，以吸引去瑞典湖区、山区的滑雪者和登山野营者。此举一出，很快就吸引了大批旅客，载客量猛增。卡尔森任主管后的第一年，国内民航公司即扭亏为盈，并获得了丰厚利润。卡尔森认为，如果停止使用那些大而无用的飞机，公司的客运量还会有进一步的增长。一般旅客都希望乘坐直达班机，但庞大的"空中巴士"无法满足他们的这一愿望。尽管DC-9客机座位较少，但如果让它们从斯堪的纳维亚的城市直飞伦敦或巴黎，就能赚钱。但是原来的安排是DC-9客机一般到了哥本哈根客运中心就停飞，滞留的旅客只好去转乘巨型"空中客车"。卡尔森把这些"空中客车"撤出航线，仅供包租之用，还辟设了奥斯陆至巴黎之间的直达航线。

与此同时，卡尔森的另一举措也充分显示了他的重点思维能力，这就是"翻新旧机"。当时市场上的那些新型飞机引不起卡尔森的兴趣，他说，就乘客的舒适程度而言，从DE-3客机问世之日起，客机在这方面并无多大的改进，他敦促客机制造厂改革机舱的布局，腾出地盘来加宽过道，使旅客可以随身携带更多的小件行李。北欧航联拿出1500万美元（约为购买一架新DC-9客机所需要费用的65%）来给客机整容，更换内部设施，让班机服务人员换上时尚新装。公司的DE-9客机一直使用到1990年。靠着那些焕然一新的DE-9客机，招徕越来越多的旅客，当然，滚滚财源也随之而来。

卡尔森是善于重点思维的典范。在我们遇到事情时，一定要思考什么是重要的，什么是无关紧要的，然后把精力集中在重要的一点上。这样做才能使我们的精力不受到更多损害，而又能获得最大的效益。年轻的时候如果总是被一堆琐事困扰着，那么在你30多岁的时候，你会发现自己真的什么都没有留下。

那些有成就的人都有一种习惯，就是找出并设法控制那些最能影响他们人生的重要因素，能找到重要的因素，事情就轻松得多。

思路清晰，善于分清主次是成功人士们都具有的特点，利用自身现有的条件将问题漂亮地解决掉，胜于急于给自己找一个台阶下。该做的没做好，不该做的全被打乱了，反而会导致事情变得越来越复杂，时间越来越不够用。所以，我们在行动之前一定要搞清楚什么是重要的，什么是我们有必要做的。

有创意，还要有检验创意的勇气

一项创新活动，除了要求具备相关的必要知识、专心致志地思考和深邃敏锐的洞察力之外，还需要不怕犯错、敢于检验并实践自己创意的勇气。因为在进行一项较大的创新过程中会遇到很多挫折和困难，"如果你没有遇到挫折和困难，那只能说明你做的事情没有多大的创新性"，况且想到的创意不一定完全是对的，因此具备检验创意的勇气是非常关键的。

美国一家化学公司的技术人员一起在讨论一个问题，这是一个很难解决的问题，因此让许多技术人员大费周章却始终没有结果。问题是这样的：如何才能比较容易地清除掉旧家具或墙壁上的油漆？所有技术人员查文献、找资料，进行广泛的讨论，先后提出了许多办法，但结果都没有通过。其中一个技术员走了会儿神，回忆起了儿时的情景。他想到了小时候同小伙伴一起放鞭炮，导火绳一点燃，噼里啪啦地响上一阵，裹在鞭炮上的纸被炸得支离破碎。这时，他头脑里突然冒出一个想法：如果在油漆里放进一点炸药，当需要去掉油漆的时候，是不是把炸药点燃就可以了呢？于是，他就将这个想法跟大家说了出来。

大家听后都觉得很可笑，认为这是无稽之谈。然而这位技术员并没因为受到大家的讥笑而放弃自己的想法。后来他沿着这条思路不断地探索，不断地试验，终于发明了一种可以加进油漆中的添加剂。把这种添加剂加在油漆里以后，它不会引起油漆发生质的变化，可是当它接触到另一种添加剂时，便会马上起作用，使油漆从家具或墙壁上掉得干干净净。

即便是在这位技术员的发明出来之后，在油漆里加进炸药，现在听起来仍然会觉得不可思议。但是这位技术员没有因为别人嘲笑自己"异想天开"而放弃，他仍然坚持自己的想法并实践下去，这就是勇气。在其他技术员当中，或许也有人提出了很好的创意和方案，但因为别人的不认同就放弃了，因为没有去检验自己创意的勇气而放弃了。

朗加明在他的著作《创新的奥秘》中提到："创新，即创造新的世界的真正奥秘在于：创新首先是一种由创新者的素质和创新者的思路组成的运行机制，它是一个由创新者的素质转化为创新者的思路、再由创新者的思路转化为创新者的行为的复杂过程。"创新是一个很复杂的过程，遇到的困难和挫折自然也非常多，但此时你需要勇气去排除万难，走自己认定了的创新之路。

位于美国俄勒冈州的纽波特海湾，一年四季风光旖旎、海风习习,宁静而安详。在海湾的一个小镇上,人们过着远离尘嚣的生活,除了海浪扑向海岸的声音,其他一切都沉睡着。没有摇滚,没有"嬉皮",没有"朋克",一切来自大城市的污染都没有。偶尔有三三两两的游客到这里来转转,都显得特别扎眼。莎莉斯和科利尔决定在这里开设他们的旅馆,这无疑是一个冒险的举动,靠旅客吃饭的旅馆,面对的却是每日寥寥无几的外来人,来小镇办事的人大都住在政府开办的招待所。朋友和亲人都这样认为:他们简直疯了。但是8年后,当人们再看到莎莉斯和科利尔这家名为"西里维亚·贝奇"的旅馆时,红火的生意让人垂涎,每年有数以万计的游客在这里住宿。现在想来西里维亚·贝奇旅馆住宿的顾客,需要提前两个星期预订房间。当然,小镇也因此人气渐旺,但宁静依然。

　　莎莉斯和科利尔是如何把游客吸引来的呢?谜底是小说。8年前,莎莉斯和科利尔还在俄勒冈州的一家大酒店里供职。在工作中他们发现,很多人在旅游之际,不愿意去酒店里的酒吧、健身房等娱乐场所,也不喜欢看电影、电视,而是静下心来在房间里看书。时常有游客问科利尔,酒店里能不能提供一些世界名著?酒店里没有,爱看小说的科利尔满足了他们。问的人多了,莎莉斯就留心起来。一段时间后,她发现这一消费群体相当庞大。现代社会压力极易让人浮躁,人们强烈地要求释放自己,有的人就靠去酒吧疯狂,而另一部分人偏爱寻求一方静地让自己远离并躲避一切烦恼与压力,看书是一种最好的方式。开一家专门针对这类人群的旅馆,是否可行呢?莎莉斯在一次闲聊时,把这个想法对科利尔说了。没想到他早就注意到这一现象,两人一拍即合,决定合伙开办一家"小说旅馆"。

为了找一块安静的地方，他们最后选择了纽波特海湾这个偏僻的小镇。他俩集资购买了一幢3层楼房，设客房20套，房间里没有电视机，旅馆内没有酒吧、健身房，连游泳池都没有。这就是科利尔和莎莉斯所想要达到的效果。在"海明威客房"中，人们可以看到旭日初升的景象，通过房间中一架残旧的打字机及挂在墙壁上的一只羚羊头，人们马上就会想到海明威的小说《老人与海》以及《战地钟声》等里面动人的情节描写，迫不及待地想从"海明威的书架"上翻看这些小说，那种舒适的感觉也许让人终生难忘。所有的故事描述与人物刻画在莎莉斯和科利尔的精心筹划和布置下，都表现在房间里。令人大惑不解的是，他们的旅馆刚投入使用，来此的游客就与日俱增，尽管对这种新颖的旅馆有口碑相传的效应，但稀疏的几个外来人或许自己都没有来得及消化，影响还不至于这么快。原来，在科利尔和莎莉斯布置旅馆的同时，就早已开始了招徕顾客的工作。既然是小说旅馆，自然顾客群是与书亲近的人。为了方便与顾客接触、交流，他们在俄勒冈州开了一家书店，凡是来书店购书的人都可以获得一份"小说旅馆"——西里维亚·贝奇的介绍和一张开业打折卡。许多人在看了这份附着彩色图片的介绍之后，就被这家奇特的旅馆吸引住了，有的人当即就预订了房间。为了增大客源，莎莉斯还与俄勒冈州的其他书店联系，希望他们在售书时，附上一张"小说旅馆"的介绍。这种全方位、有针对性的出击，为他们赢得了稳定的客源。这种形式一直持续到现在。

随着时间的推移，"小说旅馆"的影响日渐扩大。莎莉斯和科利尔书店生意的兴隆，也显示出了其"小说旅馆"客人的增加。在旅馆的每个房间和庭院里，随处可见阅读小说、静心思考、埋头写作的人，甚至一些大牌演员和编剧也在这里讨论剧本。一些新婚夫妇以住在旅馆中用法国女作家科利特命名的"科利特客房"中度蜜月为荣。

可以想象，在一个偏僻的小镇开一个旅店，每日稀少的客流量也许会让这个普通的旅店入不敷出。但是莎莉斯和科利尔的眼光在于那群喜欢安静轻松的人，"小说旅馆"是他们的创意，而且他们也有承担入不敷出这一后果的冒险勇气，所以才在众人之外开辟了一条"小说旅馆"的全新道路。

创新不是简单的变化，再完美的创意也要有勇气去实践，否则一切都是空想。

第十章
不怕做错事，就怕做错人

做错一件事情，可以道歉、总结和重来，但是在做人上失败，它的损失会影响到你接下来将要做的很多事情，甚至会让一个坏印象一直留在别人的心中。做错事情并不可怕，可怕的是做人上出现错误。如果你想要给自己的人生买一份保险，以解决自己的各种后顾之忧，那么这份保险的名字就叫作"会做人"。

为人之道——诚字诀

孟子说:"诚者,天之道;思诚者,人之道。"诚,便是诚实讲信用。诚实守信是万物的自然法则,讲信用才是最基本的为人之道。诚信是建立人们互相信赖桥梁的基础,诚信是建立世界道德秩序的重要品质。

大丈夫行事,重一诺而轻千金。季布,秦末楚地(湖北湖南一带)人,为人侠肝义胆,受人之托必定尽力做到,以重诺守信闻名于当地。楚汉相争时,季布是项羽军中一员得力干将,在与汉军的交锋中,多次使刘邦困窘落败。待刘邦于垓下灭掉项羽之后,开始搜捕项羽昔日旧部。刘邦悬赏千金求购季布的人头,并发布禁令:凡是有胆敢匿藏季布的人,其罪株连三族。为躲避搜捕,季布先是藏在濮阳周氏家,周氏说:"汉朝搜捕将军非常急迫,马上就要搜到我家来了。如果将军肯听我的,我有一计可保全将军,如果不听,我愿意先自刎以谢将军。"于是季布依从了周氏,在乔装打扮一番之后,夹杂在十几个家奴当中,卖给鲁地的朱家。朱家心里明白其中有一人便是季布,但仰慕他是个信义侠士,还是冒着极大风险收留了季布,并告诫自己的儿子不得亏待了季布。朱氏趁着去汝阴侯夏侯婴家做客的时候,向他说明利害关系,并且请求夏侯婴向刘邦为季布求情,刘邦果然赦免了季布。

楚人有句谚语:"得黄金百斤,不如得季布一诺。"季布正是因为诚实守信的可贵品质,赢得众人的仰慕,才有周氏、朱家在危难时候的舍身保全,才可以免遭灾祸。并且因为可贵的品质,在汉朝身居高位,一直仕职到文帝朝。一生官运亨通,靠的就是这可贵的诚信品质。季布因为诚信而保全自身,春秋末期的季札则是因为诚信而声名远扬。

季札,春秋末期吴国王族中人。受吴王阖闾的委派,出使中原诸国。途经徐国时,遇到徐国国君,徐君非常喜欢季札的佩剑,但"君子不夺人所爱",徐君没好意思开口索要。季札看出了徐君的心思,因为还要出使其他国家,不便立即解剑相送,想等回来路经徐国时再予以相送。未曾想到季札出使完各国回到徐国时,徐君已死。季札在墓前凭吊徐君之后,解下佩剑挂在徐君墓前的树上,以示赠剑之意。随从觉得奇怪,便问季札:"徐君已死,为何还要送给他佩剑?"季札回答说:"当时,我心里已把佩剑默许给他了,只是不便相送,现在岂能因为徐君已死就背信弃义,违背自己心中许下的诺言呢。因为爱惜宝剑而对不起自己的良心,这不是高尚者所做的事情。"

有了诚信,人与人相处起来才容易,否则生活一片混乱。"无信则不立",一个没有诚信的世界,想想就让人觉得不寒而栗、毛骨悚然,如果个个尔虞我诈,则人人自危,毫无安全感,那还依仗什么来安身立命呢。没有诚信,就没有归宿。

东汉末年，诸侯并起，为了问鼎天下，主掌山河，谁都希望把能征善战的武将招揽到自己麾下效力，天下武勇第一人的吕布自然是人人想得。"良禽择木而栖，贤臣择主而事"，选择一个适合自己发展的领导本来也无可厚非。可偏偏吕布为人毫无信义，图富贵刺丁原在先，贪美色杀董卓于后，声名狼藉，甚至被张飞叱骂为"三姓家奴"。

建安三年（198年），曹操击破吕布并将其俘获。吕布请降，说道："明公率步兵，我率骑兵，平定天下则指日可待。"曹操向来爱才惜才用才，经过一番思考后，最终还是没有接受吕布的效忠请求，并将其斩首于白门楼。

曹操不用吕布的原因，就是怕重蹈丁原、董卓的覆辙，让一个反复无常的小人在身边，如何安得下心。比起才能，更加可贵的是诚实守信的品质，靠毫无信用的人去打天下实在令人难以放心。

孔子在《论语·为政》中曾说："人而无信，不知其可也。"接着孔子给我们作了个比喻："人没有诚信，就好比大车没有輗（大车辕端与衡相接处的关键），小车没有軏（小车辕端与衡相接处的关键），怎么走得远呢？"

人没有了诚信，在迈向成功的道路上，也是走不远的。诚信是走向成功的重要品质。因此，想要成就一番事业，首先就要学会诚信做人。

诚信是一种制胜策略

不论在生活上还是工作上，一个人的信用越好，就越能成功地打开局面，做好工作，同时也能更好地驾驭众人。所以，你必须重视自己所说的每一句话，生活总是照顾那些言而有信的人，食言是最不好的习惯，因为这样你就无法取信于人，更无法管理威慑众人。

不管你在什么情况下办什么事，都要对自己所说的话负责。你用自己的行动来说服别人的异议，让他们看到你所做的一切都是为了他们的利益。这样，你就给人一副可信的面孔，接下来你的工作就顺利多了。

历史上著名的改革家商鞅为了尽快实施自己的变法主张，便设计谋树立"守信誉"的形象。

公元前350年，商鞅将准备推行的新法与秦孝公商定后，并没有急于公布。他知道，如果得不到人民的信任，新法是难以施行的。为了取信于民，商鞅想出了一个办法。

这一天，正好是咸阳城赶大集的日子，城区内外人声嘈杂，车水马龙，好不热闹。时近中午，一队传令的军士在鸣锣开路声的引导下，护送一辆马车向城南走来。马车上除了一根三丈长的木杆外，什么也没装，有些好奇的人便凑过来想看个究竟，结果引来了更多的围观者，人们都弄不清这是怎么回事，强烈的好奇心反而使他们更想把它弄清楚。于是，人越聚越多，跟在马车后面一直来到南城门外。

军士们将木杆抬到车下，竖立起来。一名带队的官吏高声对众人说:"大良造有令,谁能将此木杆搬到北门,赏黄金十两。"

众人议论纷纷。城外来的人问城里的人,青年人问老年人,小孩问父母……谁也不知道这是怎么一回事,因为谁都没有听说过这样的事情。有个青年人挽了挽袖子想去试一试,被身旁的人一把拉住了,"别去,天底下哪有这么便宜的事,搬一根木杆给十两黄金,咱可不去出这个风头。"有人跟着说:"是啊,我看这事弄不好是要掉脑袋的。"人们就这样议论着,等待着,没有一个肯上前去试一试。官吏又宣读了一遍商鞅的命令,仍然没有人站出来。

城楼上,商鞅不动声色地注视着下面发生的一切。过了一会儿,他转身对旁边的侍从吩咐了几句。侍从很快奔下楼去,跑到守在木杆旁的官吏面前,传达商鞅的命令。官吏听完后,提高了声音向众人喊道:"大良造有令,谁能将此木杆搬至北门,赏黄金五十两。"

众人哗然,更加认为这不会是真的。这时,一个中年汉子走出人群对官吏一拱手,说:"既然大良造有令,我就来搬,五十两黄金不敢奢望,赏几个小钱便可以了。"

中年汉子扛起木杆直向北门走去,围观的人群又跟着他来到北门。中年汉子放下木杆后被官吏带到商鞅面前,商鞅笑着对中年汉子说:"是条汉子。"于是拿出五十两黄金,在手上掂了掂,说:"拿去!"

这条消息迅速从咸阳传向四面八方,国人纷纷传颂商鞅言出必行的美名。商鞅见时机已经成熟,立即推出新法,变法就这样取得了成功。

《周易》中说:"天之所助也,顺也;人之所助也,信也。"孔子曾就此问题问过他的学生子贡:"足食、足兵、民信三者哪个更重要?"子贡想了想,却反问孔子,去二留一怎么办。孔子想了想说:"去兵,去食,唯民信不可去,自古皆有死,民无信不足。"当然我们不排除这是统治阶级的一种统治手段,但值得肯定的是这确实是行之有效的手段。

当然,有时候,讲究信誉、信守诺言的做法,会使自己吃亏。但这种吃亏是暂时的,所谓有亏必有盈。1968年,日本麦当劳社社长藤田田接受了美国油料公司订制餐具刀叉300万个的合同,交货日期为同年8月1日,在美国的芝加哥交货。

藤田田组织了几家工厂生产这批刀叉,但这些工厂一再误工,到7月27日才完工。如果从东京海运到美国芝加哥,因为路途遥远,8月1日肯定交不了货,到时必然误期。若用空运,就会损失一大笔利润。

商人都是追求利润的。这时,藤田田面对的一边是损失的利润,一边是看不见摸不着的信用。思量再三,藤田田毅然租用航空公司的波音707货运机空运,花费了30万美元的空运费,将货物及时运到。这次藤田田的损失很大,但赢得了美国油料公司的信任。

在以后的几年里,美国油料公司不断向日本麦当劳社订制大量的餐具,藤田田也因此得到了丰厚的回报。这就是恪守信用所带来的财富。

波士顿市长哈特先生说,他目睹了恪守信用和公平交易的深入人心，90%的成功生意人都是以恪守信用著称的，而那些不守信用的人的生意最终都走向了破产。

可见，诚信是一种制胜策略。人立于天地间，举止言谈，时时处处不失信于人而诚笃守信于人，人们也将对你诚笃守信，这样便可在纷乱万端的沧桑人世游刃有余了。

能感念恩德，更要知恩图报

没有父母一针一线、一饭一水的恩情，便没有我们的生命和成长；没有国家的安定，我们便没有安全稳定的立足之地；没有师长的谆谆教诲，便没有我们的知书达理……

班尼迪克特说："受人恩惠，不是美德，报恩才是。当他积极投入珍惜的工作时，美德就产生了。"我们问问自己，我们有多少人对这些恩惠予以报答呢？俗话说："滴水之恩，当涌泉相报。"我们不但要感激恩惠，更要用我们的行动去报答这些恩情。

12岁的鲁本是一个小学生。这天他从一家商店经过时，橱窗里的一件商品使他怦然心动。可对这个孩子来说，这件标价5美元的东西实在是太贵了，因为这笔钱相当于他们全家人一周的开支。虽说眼下自己身无分文，可鲁本仍推开这家商店的门走了进去，然后他对店主说："我想买橱窗内的那件商品，不过，我现在没有钱，请你先别卖，给我留着好吗？""行。"店主微笑着对他说。鲁本很有礼貌地告别店主，走出了商店。

鲁本走着走着，突然从旁边一条小巷子里传来一阵敲打钉子的声音。他寻声朝施工场地走去。当地居民正在建造自己的住房，他们每用完一小麻袋钉子，就顺手把装钉子的麻袋给扔了。他早就听说有家工厂回收这种袋子，于是，他从这个工地捡了两个拿去卖了。在回家的路上，他的小手一直紧紧拿着两枚5美分硬币，生怕丢了。他把两枚硬币放在铁盒里，藏在自家粮仓内的干草垛底下。吃晚饭时，鲁本走进厨房。父亲正在补渔网，母亲已经摆好饭菜。虽然母亲一天到晚忙忙碌碌地洗衣做饭，耕地种菜，还得抽空儿给羊挤奶，但她总是乐呵呵的。每天下午放学，鲁本总是先做作业，并干完母亲交给他的家务活，然后到大街小巷去捡装钉子的麻袋。尽管常受到饥寒困乏的折磨，可小鲁本依旧日复一日地走街串巷捡麻袋，因为购买橱窗内那件商品的强烈愿望始终激励着他，赋予他勇气和力量。

第二年5月的第二个星期天，他把藏在粮仓草垛底下的小铁盒取出来，用发抖的手小心地将里面的硬币倒出来，仔细数了一遍，仍不放心，又认真数了一遍。"哇，只差20美分就凑够5美元啦！"于是，他祈祷上帝保佑自己傍晚前能捡到对他来说至关重要的4条麻袋。随后，他把装钱的铁盒儿藏好，急匆匆地去寻找麻袋。夕阳逐渐西下时，他手拿麻袋一溜烟儿赶到那家工厂。此时，负责回收麻袋的人正准备关闭厂门。鲁本心急火燎地冲他喊道："先生，请你先别关门！"那人转过身来，对脏兮兮的小鲁本说："明天再来吧，孩子！""求求你啦，我今天说什么也得把这4条麻袋卖掉，我求求你啦！"耳闻孩子颤抖的哀求声，目睹孩子满眼的泪水，这个人不禁动了恻隐之心。"你干吗这么急着要钱?"那人好奇地问。"这是一个秘密,对不起,不能告诉你!"鲁本不肯泄露秘密。

拿到4枚5美分硬币后,鲁本向回收麻袋的人道了一声谢,便飞也似的跑回粮仓,取出铁盒儿,继而又飞跑到那家商店,二话没说便把所有硬币倒在柜台上。鲁本汗流浃背地跑回家,撞开房门,冲了进去。"到这儿来一下,妈妈,请你赶快过来一下!"他扯着嗓子朝正在收拾厨房的母亲喊道。母亲刚一走到他的眼前,他便迫不及待地将自己用一年多的心血换来的珍宝放在妈妈的手里。妈妈轻轻打开包装纸,里面包着一个蓝天鹅绒首饰盒,盒内放着一枚心形胸针,上面镶着两个灿烂炫目的镀金大字"妈妈"。看到儿子在母亲节——5月的第二个星期天送给自己如此贵重的礼物,除了结婚戒指外,没有任何贵重首饰的妈妈热泪盈眶,一把将儿子紧紧搂在怀里……

父母的恩情比山高,比海深。我们做儿女的永远也偿还不了,然而父母的要求并不多,一个贴心的问候对他们来说就已足够了。但我们不应该只做这些,孟子说:"孝子之至,莫大乎尊亲;尊亲之至,莫大乎以天下养。"我们应该竭尽自己的能力报答他们。

不但这些恩情我们要铭记在心,就算别人一个小小的善意举动,我们也应当拿出行动予以回报。

有一次,好莱坞一位国际知名演员正要走进影棚,一位朋友提醒他,纽扣上下扣反了。他低头看了看,连声向朋友道谢,并赶紧扣好纽扣。可等他的朋友走开以后,他又故意把纽扣上下扣反。一个年轻人正好瞧见这一过程,便不解地问他是怎么回事。知名演员回答说,他扮演的角色是个流浪汉,扣反纽扣正好表现出流浪汉不注重形象、对生活失去信心的一面。年轻人更加困惑地问他为什么不向朋友解释清楚,说这是演戏的需要呢。知名演员坦然地笑了,说:"他提醒我是把我当作真正的朋友,是出于对我的关心。假如我解释清楚,就极有可能让他认为我做任何事都是有准备的,有一定原因的。久而久之,谁还能指出我的缺点呢?在他们眼里,我的缺点也可能被误认为是有个性。如果没有人及时地指出我的缺点和错误,那我怎么能不断地完善自己呢?"

别人善意的提醒也许不是正确的,但却足以表现了他的关心。对此,我们应该怀着真诚的感激之心给予回报。

做言而有信之人

业有所成,需要很多方面的因素,得到别人的信任,无疑是其中非常重要的一个。有了别人的信任,事情的进展自然也就会顺利得多了。

《东周列国志》里面记载了一段"烽火戏诸侯"的故事,大致情形如下:

西周末年,篡得正宫之位的褒姒虽有专席之宠,但终日里总还是愁眉不展。周幽王昏庸无能,好色成性。为博美人一笑,周幽王是鞍前马后，没有半点怠慢。先是召集乐工击鼓弹弦、宫人进献歌舞给褒姒欣赏，但褒姒表现得没有丝毫兴趣，无半点喜悦之情。于是周幽王问褒姒喜爱什么，褒姒答道："我没有什么喜好，曾记得昔日用手撕裂彩帛，那种撕裂声听起来倒是不错（其声爽然可听）。"于是周幽王就命令宫人表演撕帛以取悦褒姒，可褒姒一张秀脸仍然是阴郁沉沉的。什么花招都耍遍了的周幽王是一点辙也没有，急得像热锅上的蚂蚁，于是广下"求贤令"："不限宫内宫外，有能致褒后一笑者，赏赐千金。"

"求贤令"一出，果然就有人献计来了，可惜这人不是幽默诙谐、富有智慧的东方朔，而是奸臣虢石父。他给周幽王献了这么一计："先王当年为防西戎入寇边境，在骊山下置烽火台二十余所，还有几十面鼓。一旦有贼寇犯境，便会在烽火台放起狼烟并击动打鼓，向诸侯传讯。收到信号后，附近的诸侯就会发兵前来相救。今数年以来，天下太平，烽火皆熄。吾主若要让王后启齿一笑，必须同王后游玩骊山，夜举烽烟，擂响大鼓，诸侯援兵肯定会赶过来，赶过来却没有贼寇，王后必笑无疑。"周幽王一听，觉得此计甚妙，便依计行事。周幽王与褒姒去骊山游玩，到晚上命人大举烽火，擂响大鼓。顿时火炮冲天，鼓声如雷。诸侯以为京都有变，一个个领兵点将，马不停蹄，连夜赶到骊山脚下，但只听到一片管弦之声。周幽王对前来救驾的诸侯说："没有外寇，不劳烦各位跋山涉水而来。"诸侯面面相觑，卷旗而归。褒姒在楼上，见诸侯急急忙忙而来又匆匆忙忙而回，觉得非常有趣，不禁抚掌大笑。享受了褒姒的"回眸一笑百媚生"，周幽王对这个"计无遗策"的虢石父大加赞赏，并赏赐千金。"千金买笑"

便由此而来。

但没隔多久,西戎果真打来了。周幽王命人赶紧把烽火点了起来并敲起锣来打起鼓,向诸侯发起讯号。"吃一堑,长一智",上过一次当的诸侯又当是在开玩笑,谁都没有发兵救援。最后周幽王和虢石父被西戎兵杀死,褒姒也被掳走,西周覆灭了。

在没有发明造纸术、图书事业极不发达的西周时代,周幽王显然是没有读过"狼来了"的故事。被美色蒙惑的周幽王已经完全丧失心智,对待臣子、治理国家如同儿戏一般,这样的君主终究会成为危祸国家的昏君。

言而无信只会失去别人对自己的信任,使得自己陷入孤立无援的境地。因不讲诚信而被众人孤立终究会导致事业的败亡。

打造诚信形象

最宝贵的东西,往往也是最缺乏的东西。诚信是走向成功的最坚实的资本,想得到别人的信任,首先得打造好自己的诚信形象。因为一个有诚信的人,才能得到别人的信任。要建立自身的诚信形象,我们应该从以下几个方面着手:

首先,须得言行一致。

一个讲信用的人,一定是言行一致,表里如一的。不可说一套、做一套。言出必践,是做到诚信的第一步,也是最难的一步,需要极大的耐心和勇气。法国作家巴尔扎克曾说:"遵守诺言就像保卫你的荣誉一样。"我们必须努力兑现自己许下的诺言，就算对自己过分苛刻也在所不辞，因为我们已经许下承诺。

东汉时期，山阳金张（今山东金山县）人范式年轻时在太学求学，与汝南（今武汉一带）的张劭是同窗好友，两人学满同时离开太学返回家乡，临别的时候，张劭站在路口，望着长空的大雁说："今日一别，不知何时才能见面……"说着，流下泪来。范式拉着张劭的手，劝解道："兄弟，不要伤悲，两年后的秋天，我一定去你家拜望老人，与你一畅相聚之乐。"两年后的秋天，落叶萧萧，篱菊怒放，长空一声雁叫，牵动了张劭的情思，张劭把这件事告诉母亲，请母亲准备酒菜招待范式。张母问："你们分别已经两年了，相隔千里，他怎么会来呢？"如此说是为了宽慰儿子。张劭说："范式为人正直、诚恳，极守信用，不会不来的。"张母说："如果真的是这样，那我就为你酿酒。"等到约定的日子，范式果然风尘仆仆地从山阳赶到了汝南。张母感叹道："天下真有这么讲信用的朋友！"范式重信守诺的故事一直为后人传为佳话。

诚实守信是一种自觉性的行为，是否遵守对别人许下的诺言也完全取决于你的自律性。我们都应该明确这一点，说一套做一套的人一定会为人所不齿，这种情况下想得到别人的信任和帮助几乎是不可能的。因此想要接近成功的我们就应该如范式那样，像捍卫自己荣誉般地去遵守诺言。

其次，不要轻易许下诺言，但答应下来的事就应该努力做到。

老子在《道德经》中提到"轻诺必寡信",是说一个轻易就许下诺言的人一定是一个缺少诚信的人。想想的确如此,如果我们不经过慎重的考虑,就随便向别人许诺的话,一方面会让人觉得我们很草率、缺少尊重,但更主要的是可能会因为时间、能力、记忆、不可预见的困难等各种问题就让我们失信于人。

诺言没有大小之分,违背再小的诺言也是失信于人。轻易许诺,就有可能失去别人的尊重和信任。失去别人的信任,便失去了一笔巨大的财富,而自己也会感到自身价值的巨大损失,那是对自己最大的惩罚。

在一个十字路口上,有一棵枝繁叶茂的大树,一位老者正坐在树下歇息。突然,一个年轻人跑到面前,惊慌地哀求老者救他,说有人误以为他是小偷,正领一帮人追他,抓到的话就要被剁掉双手。说完爬到大树上躲了起来,并再一次要求老者保守秘密。老者看年轻人不像小偷,便答应了。不一会儿,追捕的人赶到大树下问老者有没有见到一个年轻人从这经过。结果,老者说出了年轻人的藏身之处,原因是老者曾经发誓再不说假话。年轻人被剁掉双手,大骂老者违背当初承诺。

不说假话,老者的初衷也是想做个诚实守信的人,可他没经过慎重的考虑就轻易答应年轻人的请求,结果到最后却落得个背信弃义的骂名。

最后,讲诚信,也要不分对象。

曾子的妻子要到集市上去，她的孩子跟在后面，哭哭啼啼地闹着也要去。她就哄孩子说："你就在家里，等我回来了杀猪给你吃。"妻子刚从集市回来，曾子就准备杀猪。妻子制止他说："我只不过是和小孩子说着玩罢了，你怎么当真了呢？"曾子说："和小孩子是不能随便开玩笑的。他们没有分辨的能力，都是效仿着父母的样子做事，听父母的指教成人的。现在你欺骗他，这是教孩子学骗人啊！做母亲的欺骗孩子，孩子也就不会相信他的母亲。这不是教育孩子的办法呀！"说完，他就把猪杀了。

有人以为，跟自己最亲近的人相处很自然、随意，所以和他们的约定或者答应他们的事情没有做到，他们也不会介意的。其实不然，交朋友更看重的是诚实守信的品质，所以和珍贵的朋友相处，我们更应该做到诚实讲信用，否则，他们都将离我们而去。

获取信任讲究方法

在现代社会，人们都怀有一颗高度警惕的心，想要轻易获得别人的信任不是一件轻松的事情。想获得别人的信任，首先当然是自己要为人诚信，有了诚信的形象，别人自然就会信任你。但是，即便是有诚信形象，别人仍然不肯信任你，遇到这种情况，我们首先应做的就是要以诚感人，用十二分的诚意打动对方。

娃哈哈集团的董事长宗庆后是一位求贤若渴的企业家。宗庆后曾多次上演"三顾茅庐"的好戏,亲自出马登门拜访邀请人才。一次偶然的机会,宗庆后得知杭州有一个制造保健品百余年的老字号店,该店有一位身怀绝技的技师,对保健品很有研究。此时,宗庆后的工厂生产娃哈哈饮料急需名师指导,他的心眼马上动起来了,开始打起这位技师的主意。宗庆后为请到这位技师很是费了一番苦心。他深知凡有本事的高手一般都有些怪癖。这些人大多面子薄,自命不凡,对世俗不屑一顾。如果以金钱相诱惑恐怕会弄巧成拙,对这类人才的办法只有一个,那就是诚心诚意。

于是,宗庆后就采取迂回战术,经常去拜访这位技师。他一方面虚心地向这位技师请教关于保健品的研制与生产的技术和学问;另一方面,坦诚地把自己的宏伟计划和面临的技术困难告诉了这位技师,并多次表示如果有了这个技师的帮助,则如虎添翼,自己的事业必能更上一层楼。经过这一番软磨硬泡之后,技师不仅了解到宗庆后是一个前程远大的能人,还深深地被他那种爱才惜才、求贤若渴的真诚所感化。他也意识到如果自己到娃哈哈集团去做事,更能实现自己的价值。于是他答应了宗庆后的邀请,加盟娃哈哈集团。

这位难请的技师就叫张宏辉。张宏辉到娃哈哈集团后如鱼得水,干得很卖力,但有一个后顾之忧没有解决:住房问题。宗庆后再次表现出他的诚意,毅然把刚分给他的三室一厅让给了张宏辉,自己一家却仍挤在原来的一间小屋里。

对这样一个有诚意的人,心肠再硬也没法拒绝,更主要的是无法拒绝这份热切殷勤。纵然你是铁石心肠,也要被这软磨硬泡的万分诚意给"腐蚀"。

如果我们确实真诚希望得到别人的信任和帮助，但是我们要求助的人才在千里之外而且又完全不知道他是谁，应该怎么做才能得到他们的帮助和信任呢？这里，我们应该注意用"巧劲"来表现自己的真诚，下面有一个例子可以参考一下。

燕王哙昏聩无能，朝政为奸臣把持，国内动乱频频，国外强国虎视狼眈，内忧外患，可燕王哙仍然是整日花天酒地，没有半点强国之志。齐国乘机大举进攻燕国，一路势如破竹，很快就攻陷了燕国都城（今北京一带），燕王哙被杀死。

燕昭王在国难之际登上了王位，痛心于燕王哙的昏庸乱国，立志要重振国势，一雪亡国之耻。他的第一步棋是要招揽人才，可人海茫茫，上哪求取人才啊。一个叫郭隗的大臣向他献计说："您若是想招致天下贤士，应该首先重用国内的贤士，重用他们，给他们以礼遇优待。您父亲留给别人的印象实在太差了。所以您不得不显得非常真诚，树立一个礼贤下士、积极健康的形象，才能打消天下贤士的疑虑。天下人民都知道您好贤，真正的贤人自然会不远千里来投奔燕国。"燕昭王有些疑问："你说的道理我明白，请你说一说我该怎样做才能显得真诚吧。"郭隗给燕昭王讲了一个故事：

古时候有位国君特别喜爱千里马，他派使者四处寻找千里马，只要找到好马，就以千金重价买下。可是三年过去了，他连一匹千里马也没有买到，这让国君很是苦恼。一天有个人自告奋勇带了千金外出买马，三个月之后，他只带了一具马骨向国王交差，并且花费了五百金。国王很生气,想责罚这个没有一点头脑的自荐者。这位自荐者却不慌不忙地说了一番道理:"我花五百金买来一副马骨,为的是让天下人都知道您真心爱马,诚心寻马。连死马都肯付以重金购买,何况是活马呢!以后不用派人到处去寻找千里马,不久便会有千里马主动被奉上。"果然,不到一年时间,国王得到了真正的千里马。

郭隗继而向燕昭王说道:"现在大王您若真心求贤,不妨也采取千金买马骨的办法。可以先从我郭隗开始,把我当成个贤人来对待。天下的真正贤人见到我这样不入流的人物还受厚遇,他们还肯不来投奔您吗?"燕昭王非常赞成郭隗的主张,便尊郭隗为师,给他修建了豪华住宅,提供优厚的生活待遇。此外,燕昭王为贤人能士筑起"黄金台"。这样一来,燕昭王求贤若渴的美名传遍各国,各国贤士也纷纷来投。赵国来了剧辛,洛阳来了苏代,齐国来了邹衍,卫国来了屈庸,都是很杰出的人物,其中最为出色的当数乐毅。有了这些"千里马"的竭忠辅佐,20多年后,燕国变得十分强盛,人民富裕,兵精粮足。于是燕昭王派乐毅为将军,出兵攻齐,连战连胜。攻破齐国都城临淄之后,齐王狼狈逃窜,隐身于民间。燕兵把齐国的宝物重器都搬运到燕国,烧掉了齐王的宫殿、宗庙。燕王一雪前耻,燕国也进入了全盛时代。

可见光有一颗真诚的心不见得就能取得别人的信任,除了有十二分的诚意外,还需要有表现这十二分诚意的巧妙方法。

诚实守信是世界上最大的财富,仅仅因为诚实守信,很多大商行、大公司的名字和品牌就价值数百万美元。诚信是一把锋利的宝剑，在漫长的人生旅程中，要想赢得别人的信任、尊重和良好的合作，就必须高举诚信之剑，它会帮助你在人生的征程中披荆斩棘，走向成功。

激发人的高尚动机

摩根在他的一本著作中说，一个人做一件事，通常是为了两种原因：一种是真正的原因，一种是听来很动听的原因。

每个人都会想到那个真正的原因，但是我们大多数人，在内心深处都是理想主义者，总喜欢想到那个好听的动机。因此为了改变人们，就要激起他们高尚的动机。

某家汽车公司的6位顾客拒绝付服务费，但并非每位顾客都表示拒付整个服务费，而是每个人都宣称有某一项账目发生错误。每一位顾客在每项服务工作完成时都曾签字，因此，公司知道那些服务工作确实做过了，他们认为有理由要求顾客付款。

以下是该公司贷款部人员催讨这些过期欠账的步骤：

（1）分别拜访每一位顾客，并直截了当地告诉对方，他们是来收取一项早已到期的款。

（2）明确表示，公司一点过失也没有。因此，顾客是绝对错了。

（3）他们暗示，公司对汽车的认识要比他懂得多，因此没有什么好争吵的。

（4）最后，他们同顾客们大吵起来。

这些方法没能使顾客们感到满意，因此账款收不回来。

事情演变到这种地步，货款部经理打算打官司来解决此事。幸好，这件事引起了总经理的注意，他调查了这些欠账的顾客，发现他们以前都是很快把账付清，享有很好的信誉。这里面一定有什么缘故——或许收款的方法有很大的错误。于是，他派詹姆斯·托马斯去收取这些"无法收回的账"。

托马斯先生采取了如下方法：

"我去拜访每一位顾客，同样也是为了要收取一项早已到期的款项——同时我们知道这笔款项绝对没错。但我完全不提这些。我解释说，我是奉命来查看公司做了些什么，或什么事忘了做。

"我明确表示，在听完顾客的说明之前，我没有什么意见，并告诉他说，公司并不认为本身的工作是完美无缺的。

"我告诉他，我只对他的车子有兴趣，他对自己车子的认识，比世界上其他任何人都要深，他是这方面的权威。

"我让他尽量地谈，我在听的时候，尽量表现出同情和兴趣，这正是他所需要的，也是他所盼望的。

"当这位顾客处于一种合适的心理状态时，我使他感到交易是公平的。我说：'首先，希望您明白，我也觉得这件事处理不当。我们公司的人员曾给您带来了不愉快，我代表公司向您道歉。我在这儿坐了这么久，听到了您的说明，使我对您的公正和耐心，留下了深刻的印象。现在我想请您帮我一个忙，这儿有几张账单是您的，我知道，如果请您对这些账单做一番估价，我是很放心的，您会做得像我们公司的董事长一样。您说多少，就算多少。'

他们是否付清了那些账单？当然了，而且慷慨得很。那些账单从 150 美元至 400 美元不等，那些顾客都付出了最高额，并且在此后的两个星期内，这 6 位顾客都向他们订购了新车。

托马斯先生事后说："经验告诉我，在尚未得到顾客的确实情况之前，唯一妥当的办法就是假设他是诚实、正直的。只有使一个人相信自己那样做是高尚的，他才会立刻心甘情愿地去做。用更明确的话来说，人们都有自尊心，并且希望享有品德高尚的名声。"

因此，如果你希望人们乐于接受你的思考方法，那就请激发人的高尚动机。

图书在版编目（CIP）数据

不要让未来的你，讨厌现在的自己 / 连山编著. — 北京：中国华侨出版社，2018.3（2018.9重印）

ISBN 978-7-5113-7531-5

Ⅰ.①不… Ⅱ.①连… Ⅲ.①成功心理－通俗读物 Ⅳ.①B848.4-49

中国版本图书馆CIP数据核字(2018)第031309号

不要让未来的你，讨厌现在的自己

编　　著：连　山
责任编辑：张　玉
封面设计：李艾红
文字编辑：王　鹏
美术编辑：牛　坤
经　　销：新华书店
开　　本：880mm×1230mm　1/32　印张：8.5　字数：188千字
印　　刷：三河市骏杰印刷有限公司
版　　次：2018年5月第1版　2021年4月第8次印刷
书　　号：ISBN 978-7-5113-7531-5
定　　价：36.00元

中国华侨出版社　北京市朝阳区西坝河东里77号楼底商5号　邮编：100028
法律顾问：陈鹰律师事务所
发 行 部：（010）88893001　　　　传　　真：（010）62707370
网　　址：www.oveaschin.com　　 E－m a i l：oveaschin@sina.com

如果发现印装质量问题，影响阅读，请与印刷厂联系调换。